Avesahemad Husainy
Sujit Kumbhar

Melhoria do desempenho de um sistema de ar condicionado através de nanopartículas

Avesahemad Husainy
Sujit Kumbhar

Melhoria do desempenho de um sistema de ar condicionado através de nanopartículas

ScienciaScripts

Imprint

Any brand names and product names mentioned in this book are subject to trademark, brand or patent protection and are trademarks or registered trademarks of their respective holders. The use of brand names, product names, common names, trade names, product descriptions etc. even without a particular marking in this work is in no way to be construed to mean that such names may be regarded as unrestricted in respect of trademark and brand protection legislation and could thus be used by anyone.

Cover image: www.ingimage.com

This book is a translation from the original published under ISBN 978-620-7-46617-7.

Publisher:
Sciencia Scripts
is a trademark of
Dodo Books Indian Ocean Ltd. and OmniScriptum S.R.L publishing group

120 High Road, East Finchley, London, N2 9ED, United Kingdom
Str. Armeneasca 28/1, office 1, Chisinau MD-2012, Republic of Moldova, Europe
Printed at: see last page
ISBN: 978-620-8-07393-0

Conteúdo

CAPÍTULO 1

INTRODUÇÃO

1.1 Antecedentes

O consumo de energia e o aquecimento global são problemas fundamentais que podem restringir o desenvolvimento sustentável da sociedade humana. A conservação da energia e a redução das emissões são formas eficazes de resolver os problemas da gestão da energia e do aquecimento global. O consumo de energia dos aparelhos de ar condicionado está a aumentar de ano para ano, devido ao rápido aumento da sua produção e utilização. Por conseguinte, a eficiência energética dos aparelhos de ar condicionado tem de ser melhorada. Atualmente, a indústria da refrigeração está a trabalhar no sentido de encontrar um equilíbrio entre a proteção do ambiente e a poupança de energia. Em termos de proteção do ambiente, uma redução do consumo de energia do compressor aumentará a sua eficiência energética e terá um impacto significativo na conservação da energia e na proteção do ambiente. A utilização de aditivos no óleo POE para melhorar o desempenho do aparelho de ar condicionado representa um novo tipo de tecnologia de poupança de energia. Comparando a utilização de nanopartículas para modificar a superfície orgânica com os aditivos refrigerantes tradicionais, a primeira é mais amiga do ambiente e proporciona um melhor desempenho de transferência de calor

O sistema de refrigeração mantém o ambiente frio no espaço selecionado em relação ao espaço circundante. O espaço selecionado é mantido a uma temperatura inferior à temperatura da atmosfera circundante. Os principais problemas dos sistemas de refrigeração são o maior consumo de energia, a menor velocidade de congelação, a menor taxa de transferência de calor e o principal problema é que causam problemas ambientais como a destruição da camada de ozono (ODP) e o potencial de aquecimento global (GWP). Os refrigerantes utilizados nos frigoríficos e nos aparelhos de ar condicionado não se decompõem facilmente quando chegam à atmosfera após a emissão. Assim, são responsáveis pelo efeito de estufa na Terra, o que resulta em alterações no clima ou na atmosfera em todo o mundo e em efeitos no ecossistema. Por isso, é necessário desenvolver sistemas térmicos que sejam eficientes do ponto de vista energético e respeitadores da natureza.

Os problemas ambientais podem ser reduzidos através da seleção adequada do refrigerante no sistema de refrigeração. Outro problema de consumo de energia ou velocidade de congelação e taxa de transferência de calor é resolvido através da utilização de um novo tipo moderno de fluido chamado nanofluidos. A utilização de nanofluidos aumenta a taxa de transferência de calor e reduz o consumo de energia. Assim, o aumento da transferência de calor e a redução do consumo de energia resultam num aumento do desempenho do sistema. O nanofluido é uma mistura coloidal em que as propriedades das nanopartículas e do fluido de base contribuem para a alteração das propriedades de transporte e térmicas do fluido de base. Em comparação com as suspensões sólido-líquido convencionais para intensificação da transferência de calor, os nanofluidos apresentam as seguintes vantagens

- Elevada área de superfície específica e, por conseguinte, maior superfície de transferência de calor entre as partículas e os fluidos.
- Elevada estabilidade de dispersão com movimento browniano predominante das partículas.
- Redução da potência de bombagem em comparação com o líquido puro para obter uma intensificação equivalente da transferência de calor.

- Redução da obstrução das partículas em comparação com as pastas convencionais, promovendo assim a miniaturização do sistema.
- Propriedades ajustáveis, incluindo a condutividade térmica e a molhabilidade da superfície, através da variação das concentrações de partículas para se adequarem a diferentes aplicações.
- Recentemente, os cientistas utilizaram nanopartículas em sistemas de refrigeração devido à sua notável melhoria das capacidades termofísicas e de transferência de calor para aumentar a eficiência e a fiabilidade dos sistemas de refrigeração e de ar condicionado.
- Ao avaliar o desempenho do sistema de refrigeração, é necessário investigar o efeito do método de preparação do nanofluido, o efeito de vários tipos de materiais de nanopartículas, a variação das dimensões das nanopartículas, a variação da concentração de nanopartículas e a variação da concentração da suspensão no refrigerante.

1.2 História do Nanofluido

Embora as nanopartículas estejam associadas à ciência moderna e tenham maior destaque, têm uma longa história. Os primeiros indícios da utilização e das aplicações da nanotecnologia remontam aos nanotubos de carbono e aos nanofios de cementite encontrados na microestrutura do aço wootz fabricado na Índia antiga no período de 600 a.C. e exportado para todo o mundo. As nanopartículas foram utilizadas por artesãos já em Roma, no século IV, na famosa taça Lycurgus, feita de vidro dicroico, e no século IX, na Mesopotâmia, para criar um efeito brilhante na superfície dos vasos. [1][2][3] Nos tempos modernos, a cerâmica da Idade Média e da Renascença mantém frequentemente um brilho metálico distinto de cor dourada ou acobreada. Este brilho é causado por uma película metálica que foi aplicada na superfície transparente de um vidrado. A mistura de nanopartículas suspensas num líquido de base é normalmente designada por nanofluido. A natureza está cheia de nanofluidos, como o sangue, um nanofluido biológico complexo em que diferentes nanopartículas (a nível molecular) desempenham diferentes funções e os componentes funcionais respondem ativamente ao seu ambiente local. De acordo com os tipos de líquidos (orgânicos e inorgânicos) e os tipos de nanopartículas, podem obter-se diferentes tipos de nanofluidos, como nanofluidos de extração de processos, nanofluidos ambientais (nanofluidos de controlo da poluição), nanofluidos biológicos e farmacêuticos. Novas classes de nanofluidos poliméricos, nanofluidos redutores de arrasto, têm como objetivo melhorar a transferência de calor, bem como reduzir a fricção do fluxo.

1.3 Condutividade e nanoescala

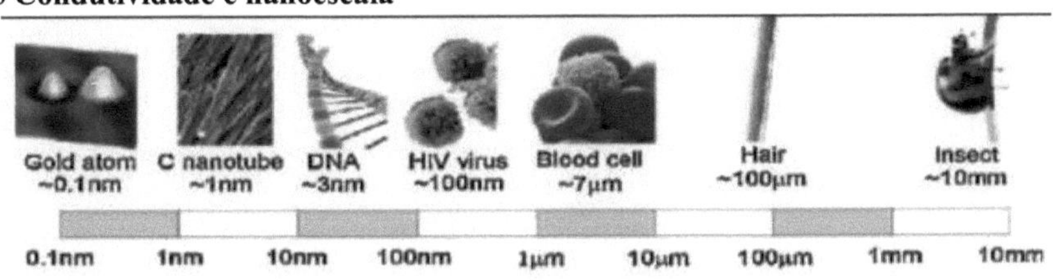

Fig1.1:Estrutura à nanoescala

Uma vasta gama de mecanismos activos de auto-montagem de estruturas à escala nanométrica começa com uma suspensão de nanopartículas num fluido. A adição de nanopartículas a um líquido melhora consideravelmente o processo de transporte de energia do líquido de base2 A nanotecnologia moderna permite processar e produzir materiais com uma dimensão média de cristalitos inferior a 50 nm. Os nanofluidos têm algumas caraterísticas únicas que são bastante diferentes das misturas convencionais de fluxo bifásico em que partículas de mm e/ou mm estão suspensas. Além disso, as nanopartículas resistem à sedimentação, em comparação com as partículas maiores, devido ao movimento browniano e às forças entre partículas, e possuem uma área superficial muito mais elevada (1000 vezes), o que melhora a condução de calor dos nanofluidos, uma vez que a transferência de calor ocorre na superfície do fluido.

1.4 Medição da Condutividade Térmica de Nanofluidos:

Existem métodos de estado estacionário e de estado transiente para a medição das propriedades térmicas. Embora os métodos de estado estacionário sejam teoricamente simples, implicam uma técnica bastante elaborada na prática, incluindo uma proteção térmica para eliminar o fluxo lateral de calor e um sistema de controlo eletrónico para permitir uma condição estável durante o ensaio. Os métodos transientes permitem medições rápidas e reduzem os modos indesejados de transferência de calor. A maioria das medições das propriedades térmicas dos nanofluidos foi efectuada utilizando o método de medição transiente. A medição da difusividade térmica e da condutividade térmica baseia-se na equação da energia para a condução. A condutividade térmica do nanofluido foi medida utilizando o método transiente do fio quente, em que o aumento da temperatura do fio de platina (referido como fio quente) está relacionado com a condutividade térmica Keff do fluido[4] , amplamente utilizado para medir a condutividade térmica de nanofluidos[5-6] . O autor está a utilizar uma forma modificada do método do fio quente, designada por método da sonda térmica transiente[7-8] , para medir a condutividade térmica dos nanofluidos. Zhang[9] , Zhang,[10] et al. utilizaram o método do fio quente curto transiente para medir simultaneamente a condutividade térmica e a difusividade térmica de Au/tolueno, Al2O3/H2O, nanofibra de carbono/H2O34 e ZrO2/H2O, TiO2/H2O CuO/H2O[11] . Murshed[12] et al. utilizaram o método do fio quente duplo para medir a difusividade térmica dos nanofluidos. Recentemente, foi desenvolvido um microscópio de condutividade térmica de varrimento (nome comercial Scanning Thermal Microscopy STM)[37] para satisfazer a necessidade de obter imagens térmicas de dispositivos e nanoestruturas. O seu objetivo é medir diretamente a condutividade térmica de estruturas e caraterísticas microscópicas, como fibras, revestimentos de fibras, limites de grãos, grãos e fases intergranulares. Enquanto a resolução espacial de outras técnicas de termometria baseadas em ótica de campo distante é limitada por difração à ordem de vários microns, a resolução espacial de 50 nm foi demonstrada para a STM. O STM funciona por varrimento raster com uma ponta de deteção de temperatura afiada numa superfície sólida. A ponta sensível à temperatura é normalmente montada num micro cantilever de uma sonda de microscópio de força atómica (AFM), de modo a que a força de contacto constante ponta-amostra seja mantida pelo circuito de realimentação de forças do AFM. Enquanto a ponta percorre uma amostra, a transferência de calor ponta-amostra altera a temperatura da ponta, que é medida e utilizada para calcular a temperatura ou as propriedades térmicas da amostra no contacto ponta-amostra. Esta informação, em combinação com a posição da sonda, é utilizada para construir uma imagem digital em escala de cinzentos da superfície com uma resolução submicrónica. A STM tem sido utilizada para localizar pontos quentes em dispositivos electrónicos e para obter imagens de contrastes nas propriedades térmicas de materiais compósitos de película fina.

1.5 Caraterísticas e vantagens:

Os nanofluidos possuem as seguintes vantagens,

- Elevada área de superfície específica e, por conseguinte, maior superfície de transferência de calor entre as partículas e os fluidos.
- Elevada estabilidade de dispersão com movimento browniano predominante das partículas.
- Redução da potência de bombagem em comparação com o líquido puro para obter uma intensificação equivalente da transferência de calor.
- Redução da obstrução das partículas em comparação com as pastas convencionais, promovendo assim a miniaturização do sistema.
- Propriedades ajustáveis, incluindo a condutividade térmica e a molhabilidade da superfície, através da variação das concentrações de partículas para se adequarem a diferentes aplicações.
- Recentemente, os cientistas utilizaram nanopartículas em sistemas de refrigeração devido à sua notável melhoria das capacidades termofísicas e de transferência de calor para aumentar a eficiência e a fiabilidade dos sistemas de refrigeração e de ar condicionado.
- Ao avaliar o desempenho do sistema de refrigeração, é necessário investigar o efeito do método de preparação do nanofluido, o efeito de vários tipos de materiais de nanopartículas, a variação das dimensões das nanopartículas, a variação da concentração de nanopartículas e a variação da concentração da suspensão no refrigerante.

1.6 Aplicações de nanofluidos:

As nanopartículas têm aplicações potenciais em muitos domínios diferentes. As nanopartículas de engenharia são especificamente concebidas e formadas com propriedades físicas personalizadas, a fim de satisfazer os requisitos de aplicações específicas. As novas propriedades físicas e químicas dos nanomateriais abrem caminho para a interface da transdução de sinais electrónicos com eventos de reconhecimento biológico e para a conceção de dispositivos bioelectrónicos avançados com funções inovadoras.

1.6.1 Aplicações no sector automóvel:

A adição de nanopartículas e nanotubos aos fluidos de arrefecimento normais do motor (mistura de água e etilenoglicol) e aos lubrificantes para formar nanofluidos pode aumentar a sua condutividade térmica e melhorar potencialmente as taxas de permuta de calor e a eficiência do combustível. As melhorias acima referidas podem ser utilizadas para reduzir a dimensão dos sistemas de arrefecimento ou remover o calor dos gases de escape do motor do veículo no mesmo sistema de arrefecimento[13].

As melhorias na transferência de calor podem também ser conseguidas através do aumento do coeficiente de transferência de calor h, quer através da utilização de métodos de transferência de calor mais eficientes, quer através da melhoria das propriedades de transporte do material de transferência de calor. Por exemplo, os sistemas de transferência de calor que utilizam a convecção forçada de um gás apresentam um maior coeficiente de transferência de calor do que os sistemas que utilizam a convecção livre de um gás. Em alternativa, o coeficiente de transferência de calor pode ser aumentado através do reforço das propriedades do líquido de arrefecimento para um determinado método de transferência de calor. Os aditivos são frequentemente adicionados aos fluidos de arrefecimento líquidos para melhorar propriedades específicas. Por exemplo, os glicóis são adicionados à água para diminuir o seu ponto de congelação e aumentar o seu ponto de ebulição. O coeficiente de transferência de calor pode ser melhorado através da adição de partículas sólidas ao fluido de arrefecimento líquido (ou seja, nanofluidos).

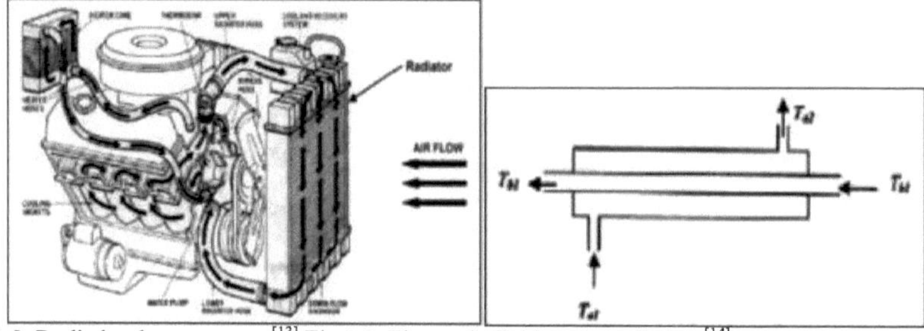

Fig.1.2. Radiador de um motor. [13] Fig.1.3. Fluxos de fluido num radiador. [14]

1.6.2 Aplicações solares:

Tayloretal[15] comparou um sistema solar térmico de concentração baseado em nanofluidos com um sistema convencional. Os seus resultados mostram que a utilização de um Nanofluido no recetor pode melhorar a eficiência em 10%. Concluíram também que, para centrais eléctricas de 10-100 MW, a utilização de grafite/terminolVP-1nanofluido com fracções de volume de aproximadamente 0,001% ou menos pode ser benéfica. Os investigadores estimaram que a combinação de um recetor de nanofluidos com uma torre de energia solar térmica com capacidade de 100 MW a funcionar num recurso solar como Tucson, Arizona, poderia gerar mais 3,5 milhões de dólares por ano. Nas regiões áridas e remotas do mundo, o abastecimento de água doce é mais crítico. Nessas regiões, os sistemas de dessalinização solar podem resolver parte do problema, quando a energia solar está disponível. Nos países em desenvolvimento, a falta de água potável segura e pouco fiável constitui um problema grave. Prevê-se que a seca e a desertificação a nível mundial aumentem a escassez de água potável, tornando-se um dos maiores problemas que o mundo enfrenta[16] . Os alambiques solares podem ser utilizados para evitar as emissões de gases com efeito de estufa provenientes da produção de água doce.

1.6.3 Aplicações electrónicas:

Os dispositivos electrónicos avançados enfrentam desafios de gestão térmica devido ao elevado nível de geração de calor e à redução da área de superfície disponível para a remoção de calor. Investigações recentes demonstraram que os nanofluidos podem aumentar o coeficiente de transferência de calor através do aumento da condutividade térmica de um líquido de arrefecimento. Jang et al. conceberam um novo refrigerador, combinando um dissipador de calor de microcanais com nanofluidos[17] . Obteve-se um desempenho de arrefecimento superior quando comparado com o dispositivo que utiliza água pura como meio de trabalho. Os nanofluidos reduziram a resistência térmica e a diferença de temperatura entre a parede do micro canal aquecido e o refrigerante. Nguyen et al. conceberam um circuito líquido fechado para investigar o melhoramento da transferência de calor de um sistema de arrefecimento líquido, substituindo o fluido de base (água destilada) por um nanofluido composto por água destilada e nanopartículas de Al2O3 em várias concentrações[18] . Os dados medidos mostraram claramente que a inclusão de nanopartículas na água destilada produziu um aumento considerável no coeficiente de transferência de calor por convecção do bloco de arrefecimento. Em relação ao do fluido de base. Também foi observado que um aumento da concentração de partículas produziu uma clara diminuição da temperatura de junção entre o componente aquecido e o bloco de arrefecimento.

1.6.4 Aplicações de arrefecimento industrial

A aplicação de nanofluidos no arrefecimento industrial resultará em grandes poupanças de energia e reduções de emissões. Foram realizadas experiências utilizando um aparelho de circuito de fluxo para explorar o desempenho de nanofluidos de polialfaolefina contendo fibras de nano partículas de grafite esfoliada no arrefecimento[19] . Observou-se que o calor específico dos nanofluidos era 50% superior para os nanofluidos em comparação com a polialfaolefina e aumentava com a temperatura. A difusividade térmica foi considerada 4 vezes superior para os nanofluidos. A transferência de calor por convecção foi aumentada em ~10% com a utilização de nanofluidos em comparação com a utilização de polialfaolefina. Ma et al. propuseram o conceito de nanofluido de metal líquido, com o objetivo de estabelecer uma via de engenharia para produzir o fluido de arrefecimento mais condutor, com uma condutividade térmica várias dezenas de vezes superior à da água [20]. Espera-se que o metal líquido com baixo ponto de fusão seja um fluido de base ideal para a produção de uma solução supercondutora que possa conduzir ao líquido de arrefecimento definitivo numa grande variedade de áreas de melhoria da transferência de calor. A condutividade térmica do fluido líquido-metal pode ser melhorada através da adição de nanopartículas mais condutoras.

1.6.5 Aquecimento dos edifícios e redução da poluição:

Kulkarni et al avaliaram o seu desempenho no aquecimento de edifícios em regiões frias. Nas regiões frias, é prática comum utilizar etileno ou propilenoglicol misturado com água em diferentes proporções como fluido de transferência de calor. Assim, foi selecionado 60:40 etilenoglicol/água (em peso) como fluido de base. Os resultados mostraram que a utilização de nanofluidos em permutadores de calor pode reduzir as taxas de fluxo volumétrico e de massa, resultando numa poupança global de energia de bombagem. Os nanofluidos requerem sistemas de aquecimento mais pequenos, capazes de fornecer a mesma quantidade de energia térmica que os sistemas de aquecimento maiores, mas menos dispendiosos. Isto reduz o custo inicial do equipamento, excluindo o custo do nanofluido. Isto também reduzirá os poluentes ambientais porque as unidades de aquecimento mais pequenas consomem menos energia e a unidade de transferência de calor tem menos resíduos líquidos e materiais para eliminar no final do seu ciclo de vida.

1.6.6 Armazenamento de energia:

O armazenamento de calor latente é uma das formas mais eficientes de armazenar energia térmica. Wu et al. avaliaram o potencial dos nanofluidos Al2O3-H2O como uma nova aplicação energética dos nanofluidos, duas propriedades notáveis dos nanofluidos
Material de mudança de fase (PCM) para o armazenamento de energia térmica de sistemas de arrefecimento. O teste de resposta térmica mostrou que a adição de nanopartículas de Al2O3 diminuiu notavelmente o grau de super-resfriamento da água, avançou o tempo de congelamento inicial e reduziu o tempo total de congelamento. Apenas adicionando 0,2% em peso de nanopartículas de Al2O3, o tempo total de congelação dos nanofluidos Al2O3-H2O pode ser reduzido em 20,5%.

1.6.8 Aplicações mecânicas:

As nanopartículas nos nanofluidos formam uma película protetora com baixa dureza e módulo de elasticidade na superfície desgastada, o que pode ser considerado como a principal razão pela qual alguns nanofluidos apresentam excelentes propriedades lubrificantes. Os fluidos magnéticos são tipos de nanofluidos especiais. Os vedantes rotativos líquidos magnéticos funcionam sem manutenção e com fugas extremamente reduzidas numa vasta gama de aplicações, e utilizam as propriedades magnéticas das nanopartículas magnéticas no líquido.

Capítulo mais próximo:

Este capítulo inclui desafios para o sector da refrigeração e do ar condicionado. Estudámos para encontrar a solução para o problema do sector RAC. A solução consiste em desenvolver um dispositivo de consumo de energia que funcione melhor com um menor consumo de energia. Encontrámos a aplicação de nanofluidos para melhorar o COP destes sistemas. Estudámos a história, as investigações anteriores, a condutividade, a nanoescala e a medição da condutividade térmica dos nanofluidos utilizando a nanoescala, as aplicações em diferentes sectores, as caraterísticas e as vantagens de diferentes nanofluidos. De acordo com este estudo, selecionámos nanopartículas de óxido de alumínio (Al_2O_3) para o nosso projeto.

CAPÍTULO 2

PROPRIEDADES, PREPARAÇÃO E ESTABILIDADE DO NANOFLUIDO

2.1 Propriedades dos nanofluidos

As propriedades dos nanofluidos baseiam-se principalmente em cinco parâmetros: fluidos térmicos, transferência de calor, partículas, colóides e lubrificação. As propriedades dos fluidos térmicos incluem a temperatura, a viscosidade, a densidade, o calor específico e a entalpia. Os parâmetros de transferência de calor são a condutividade térmica, a capacidade térmica, o número de Prandtl e a queda de pressão. Todas as aplicações de transferência de calor são limitadas pelos valores finitos das propriedades termofísicas em qualquer meio de transferência de calor. Estas propriedades desempenham um papel vital na decisão da magnitude da transferência de calor. Os parâmetros baseados nas partículas são o tamanho, a forma, a BET (análise da área de superfície) e uma fase cristalina. Os parâmetros baseados nas propriedades coloidais são a estabilidade da suspensão e o potencial Zeta. As propriedades finais baseadas na lubrificação são a viscosidade, o índice de viscosidade, o coeficiente de fricção, a taxa de desgaste e a pressão extrema. O método ativo ou passivo é utilizado principalmente para variar o desempenho da transferência de calor. O método ativo consiste num processo mecânico como as vibrações e processos relacionados. O método passivo consiste na personalização das propriedades do fluido e na variação da área e da forma da superfície. O método passivo é pouco dispendioso, adequado e mais eficaz do que o método ativo. O método passivo melhora o desempenho de transferência de calor das nanopartículas que estão suspensas num fluido de base. Nos últimos tempos, tem havido muitos tipos de investigação para melhorar o desempenho da transferência de calor em sistemas de refrigeração, utilizando nano-refrigerantes e nanolubrificantes. As propriedades termofísicas dos nanofluidos são bastante diferentes das do fluido de base. As principais propriedades dos nanofluidos são discutidas em pormenor.

2.1.1 Condutividade térmica

O nanofluido tem uma condutividade térmica mais elevada em comparação com o fluido de base. A suspensão de nanopartículas no fluido de trabalho resulta numa melhor condutividade térmica do fluido e, consequentemente, numa melhoria da velocidade de congelação, pelo que este é um dos parâmetros-chave mais importantes para melhorar o desempenho do sistema.

Vários investigadores efectuaram um estudo experimental utilizando nanopartículas de Al2O3 e lubrificantes do sistema de refrigeração R134a como fluido de base. Foi observado que a condutividade térmica aumenta em 2,0%, 4,6% e 2,5% para 1,0, 1,5 e 2,0 wt. % de Al2O3 a 40°C e os nanofluidos mostram melhores efeitos para altas temperaturas. Foram efectuadas investigações significativas sobre este assunto. Pode dizer-se que é um fator determinante que leva à ideia de permitir a utilização de nanofluidos como refrigerante. Eastman et al. verificaram que uma condutividade térmica de 0,3% de nanopartículas de cobre de nanofluidos de etilenoglicol aumenta até 40% em comparação com o fluido de base. O autor sublinhou que esta propriedade desempenha um papel vital na construção de equipamentos eficientes de transferência de calor. Peng et al. investigaram experimentalmente a condutividade térmica de um nano-refrigerante e propuseram um modelo para prever a condutividade térmica. Os autores utilizaram nanopartículas esféricas com o seguinte diâmetro médio no refrigerante R-113: cobre - 25 nm, alumínio - 18 nm, níquel - 20 nm, óxido de cobre - 40 nm e óxido de alumínio - 20 nm. Os autores concluíram que, com o aumento da concentração de nanopartículas, a condutividade térmica aumenta acentuadamente e, além disso, verificaram que, para a mesma concentração volumétrica, os valores da condutividade térmica para os diferentes tipos de nanopartículas apresentavam alguma variação.

2.1.2 Lubricidade e compatibilidade dos materiais

Foram realizadas algumas investigações com nanopartículas em sistemas de refrigeração para utilizar as propriedades vantajosas das nanopartículas para aumentar a eficiência e a fiabilidade dos frigoríficos.

Por exemplo, Wang e Xie[21] descobriram que as nanopartículas de TiO_2 podem ser utilizadas como aditivos para aumentar a solubilidade do óleo mineral no refrigerante hidrofluorocarbono (HFC).

2.1.3 Viscosidade

A viscosidade é uma medida da tendência de um líquido para resistir ao fluxo. É a razão entre a tensão de cisalhamento e a taxa de cisalhamento. Quando a viscosidade é constante para diferentes valores da taxa de cisalhamento, o líquido é conhecido como newtoniano, enquanto que se variar em função da taxa de cisalhamento, o líquido é conhecido como não newtoniano[22] . Einstein[23] foi o primeiro a calcular a viscosidade efectiva de uma suspensão de sólidos esféricos utilizando as equações hidrodinâmicas fenomenológicas. Lietal.[24] Mediu a viscosidade da água com suspensões de nanopartículas de CuO utilizando um viscosímetro capilar. Os resultados mostraram que a viscosidade aparente dos nanofluidos diminuiu com o aumento da temperatura. No entanto, como salientaram, o diâmetro do tubo capilar pode influenciar a viscosidade aparente para fracções de massa de nanopartículas mais elevadas, especialmente a temperaturas mais baixas.

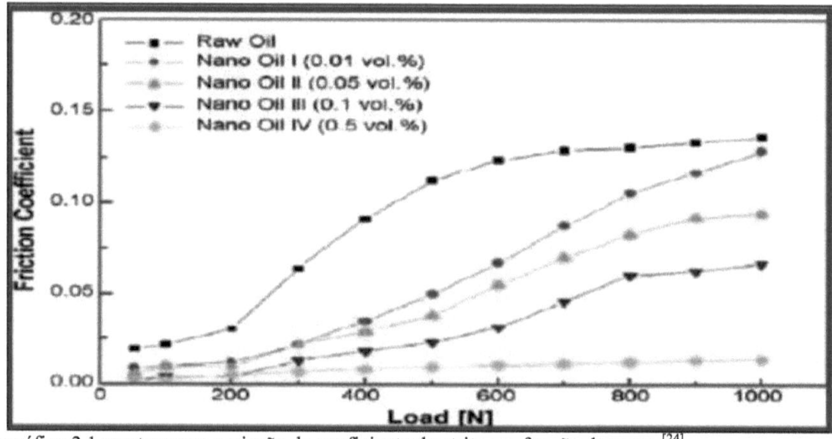

O gráfico 2.1 mostra que a variação do coeficiente de atrito em função da carga [24]

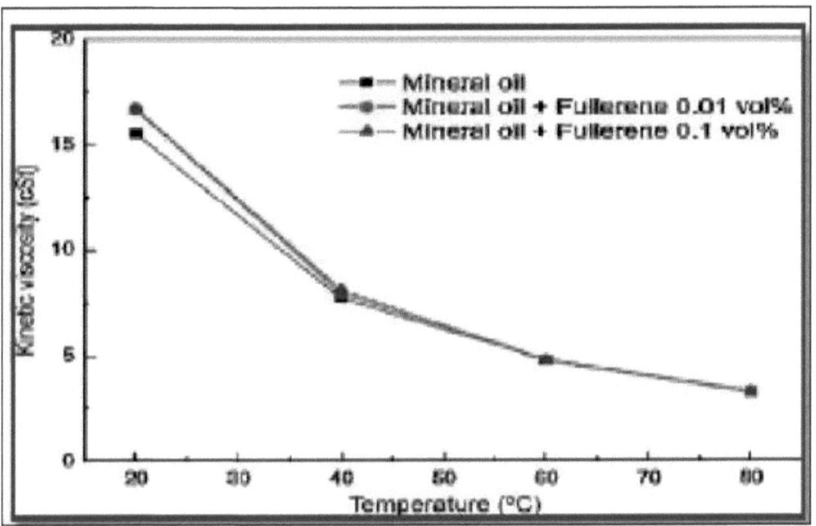

O gráfico 2.2 mostra que a variação da viscosidade cinética em função da concentração de partículas e da temperatura [24]

2.1.4 Densidade

Para o desempenho adequado da lubrificação de um compressor, a viscosidade e a densidade do nano lubrificante são importantes. A densidade do nanofluido é relativa ao rácio de volume do sólido (nanopartículas) e do líquido (fluido de base) no sistema, uma vez que a densidade dos sólidos é superior à dos líquidos. Na ausência de dados experimentais, a densidade dos nanofluidos tem sido relatada como consistente com a teoria da mistura dada por,

$$\rho nf = (1-\varphi)\, \rho bf + \varphi\, \rho s$$

Onde ρnf é a densidade do nanofluido, ρbf é a densidade do fluido de base, ρs é a densidade das partículas sólidas e φ é a concentração volumétrica. Sommers e Yerkes mediram a densidade do nanofluido $Al_2O_3/$ propanol à temperatura ambiente usando dois métodos e os compararam. No método primário, um hidrómetro foi usado para calcular a gravidade específica de uma amostra de fluido. No método seguinte, foi recolhida uma amostra de fluido de volume conhecido e depois pesada numa balança de alta precisão. Os dados recolhidos através destes dois métodos foram depois calculados e observou-se uma relação praticamente linear entre a densidade e a concentração de partículas.

2.1.5 Transferência de calor em nanofluidos

Até à introdução dos nanofluidos, as propriedades térmicas relativamente fracas dos fluidos de trabalho convencionais têm demonstrado reduzir a eficiência dos permutadores de calor. De acordo com Xuan, et al., (2000), a baixa condutividade térmica do fluido de processo dificulta a compactação e a eficácia dos permutadores de calor, embora seja aplicada uma variedade de técnicas para melhorar a transferência de calor. Um teste de aplicação industrial foi realizado por Liu et al. (1988) e Ahuja (1975), no qual foi investigado o efeito da carga volumétrica, do tamanho e do caudal das partículas na queda de pressão da lama e no comportamento da transferência de calor. Nos casos convencionais, as partículas em suspensão têm dimensões de 1 m ou mesmo de mm. Essas partículas grandes podem causar alguns problemas graves, como abrasão e entupimento. Por conseguinte, os fluidos com partículas grandes em suspensão têm pouca aplicação prática na melhoria da transferência de calor. Devido às novas propriedades do nanofluido, este pode ser amplamente utilizado para várias aplicações de transferência de calor em engenharia, incluindo arrefecimento de automóveis e ar condicionado, arrefecimento de centrais eléctricas e solares, arrefecimento de óleo de transformador, melhoria da eficiência de geradores a diesel, em reactores nucleares e na defesa e no espaço, tal como referido por Wang, et al., (2008). De acordo com Saidur, et al., (2011)

2.2 Métodos de preparação de nanofluidos

2.2.1 Processo de preparação numa única fase

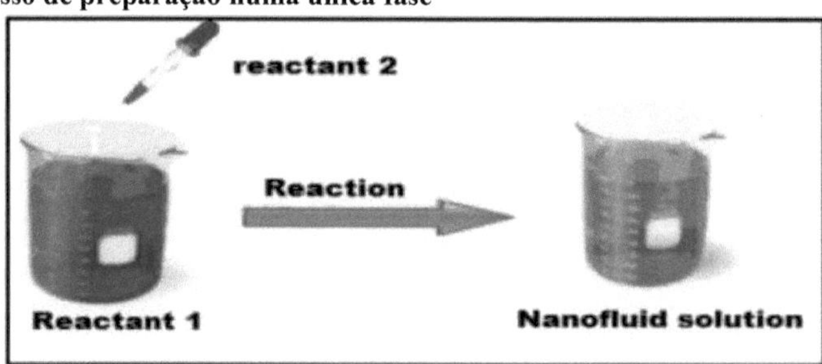

Fig2.1. Processo de preparação numa única etapa

O processo de preparação numa única etapa indica a síntese de nanofluidos numa única etapa. Foram desenvolvidos vários métodos de etapa única para a preparação de nanofluidos. Akoh et al. [25] desenvolveram um método de evaporação direta numa única etapa. Este processo é conhecido como VEROS (Vacuum Evaporation onto a Running Oil Substrate), mas era difícil separar as nanopartículas dos fluidos. Eastman et al.[26] desenvolveram uma técnica VEROS modificada, na qual o vapor de Cu é diretamente condensado em nanopartículas por contacto com etilenoglicol a baixa pressão de vapor. Zhu et al.[27] apresentaram um processo químico numa única etapa para a preparação de nanofluidos de Cu através da redução de $CuSO_4$.$5H_2O$ com NaH_2PO_2 .H_2O em etilenoglicol sob irradiação de micro-ondas. Este método também provou ser uma boa maneira de produzir nanofluidos de prata à base de óleo mineral. É necessária uma fonte de energia adequada para produzir um arco elétrico entre 6000-12000° C que funde e vaporiza uma barra de metal na região onde o arco é criado. O metal vaporizado é condensado e depois disperso por água desionizada para produzir nanofluidos. Uma vantagem do método de síntese numa só etapa é que a aglomeração de nanopartículas é minimizada. Mas o principal problema é que apenas os fluidos de baixa pressão de vapor são compatíveis com este processo.

2.2.2 Processo de preparação em duas fases

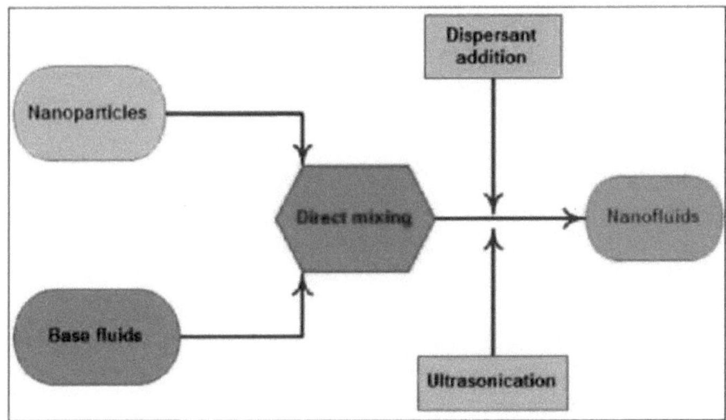

Fig 2.2 Processo de preparação em duas fases

O processo de preparação em duas fases é amplamente utilizado na síntese de nanofluidos através da mistura de fluidos de base com nanopós disponíveis no mercado, obtidos por diferentes vias mecânicas, físicas e químicas, como a moagem, a trituração e os métodos de solgel e de fase de vapor. Um vibrador ultrassónico ou um dispositivo de mistura de cisalhamento superior é geralmente utilizado para agitar os nanopós com fluidos hospedeiros. A utilização frequente de ultra-sons ou de agitação é necessária para reduzir a aglomeração das partículas. Eastman et al.[26] , Lee et al.[27] , Wang et al.[28-29] utilizaram um método em duas fases para produzir nanofluidos de alumina. Murshed et al.[29] prepararam uma nano suspensão TiO2-água pelo mesmo método.

Alguns autores sugeriram que o processo em duas fases é muito adequado para a preparação de fluidos que contêm nanopartículas de óxido do que os que contêm nanopartículas metálicas[30-31] . A estabilidade é uma questão importante que está intrinsecamente relacionada com esta operação, uma vez que os pós se agregam facilmente devido à forte força de van der Walls entre as nanopartículas. Apesar de tais desvantagens, este processo continua a ser popular como o processo mais económico para a produção de nanofluidos.

A Ultra Sonicação é o ato de aplicar energia sonora para agitar partículas numa amostra, para vários fins, como a extração de vários compostos de plantas, microalgas e algas marinhas.

A Ultra-Sonicação pode ser utilizada para a produção de nanopartículas, tais como nanoemulsões, nanocristais, lipossomas e emulsões de cera, bem como para a purificação de águas residuais, produção de biocombustíveis, dessulfuração de petróleo bruto e muitos outros processos. A dispersão ultra-sónica de nanopartículas é uma excelente forma de quebrar os agregados, mas é necessário ter cuidado para evitar a contaminação das amostras ao dispersar o nanomaterial. A sonicação pode ser utilizada para acelerar a dissolução, quebrando as interações intermoleculares. É especialmente útil quando não é possível agitar a amostra, como acontece com os tubos NMR. Pode também ser utilizada para fornecer a energia necessária à realização de determinadas reacções químicas. A sonicação pode ser utilizada para remover gases dissolvidos de líquidos (desgaseificação) através da sonicação do líquido enquanto este se encontra sob vácuo.

2.3 A Estabilidade do Nanofluido

A aglomeração de nanopartículas resulta não só no assentamento e entupimento de micro canais, mas também na diminuição da condutividade térmica dos nanofluidos. Assim, a

13

investigação da estabilidade é também uma questão fundamental que influencia as propriedades dos nanofluidos para aplicação, sendo necessário estudar e analisar os factores que influenciam a estabilidade da dispersão dos nanofluidos. Esta secção contém (a) os métodos de avaliação da estabilidade dos nanofluidos, (b) as formas de aumentar a estabilidade dos nanofluidos e (c) os mecanismos de estabilidade dos nanofluidos.

2.3.1 Os métodos de avaliação da estabilidade dos nanofluidos

1. Métodos de sedimentação e centrifugação.

Foram desenvolvidos muitos métodos para avaliar a estabilidade dos nanofluidos. O método mais simples é o método de sedimentação[32, 33] . O peso de sedimentação ou o volume de sedimentação das nanopartículas num nanofluido sob um campo de força externo é uma indicação da estabilidade do nanofluido caracterizado. A variação da concentração ou do tamanho das partículas do sobrenadante com o tempo de sedimentação pode ser obtida através de um aparelho especial[34] . Os nanofluidos são considerados estáveis quando a concentração ou o tamanho das partículas do sobrenadante se mantêm constantes. A fotografia de sedimentação de nanofluidos em tubos de ensaio tirada por uma câmara fotográfica é também um método habitual para observar a estabilidade dos nanofluidos[34] . O tabuleiro da balança de sedimentação é mergulhado na suspensão de grafite fresca. O peso das nanopartículas sedimentadas durante um determinado período foi medido. A fração de suspensão das nanopartículas de grafite num determinado período de tempo pode ser calculada. Para o método de sedimentação, o longo período de observação é o defeito. Por conseguinte, o método de centrifugação é desenvolvido para avaliar a estabilidade dos nanofluidos.

2. Análise do potencial zeta.

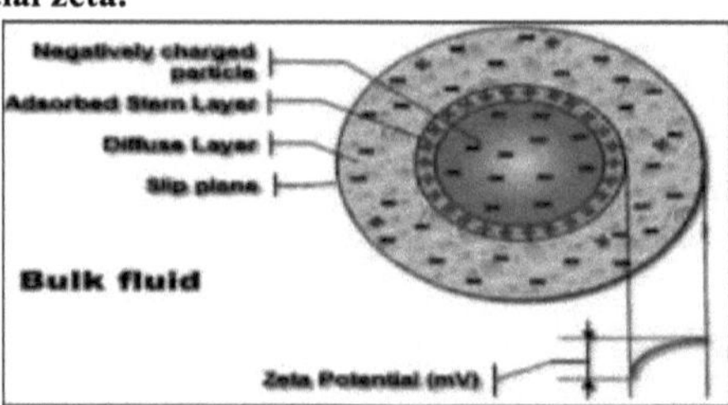

Fig 2.3 Análise do potencial zeta

O potencial zeta é um potencial elétrico na dupla camada interfacial na localização do plano de deslizamento versus um ponto no fluido a granel afastado da interface, e mostra a diferença de potencial entre o meio de dispersão e a camada estacionária de fluido ligada à partícula dispersa. A importância do potencial zeta reside no facto de o seu valor poder estar relacionado com a estabilidade das dispersões coloidais. Assim, os colóides com um potencial zeta elevado (negativo ou positivo) são eletricamente estabilizados, enquanto os colóides com potenciais zeta baixos tendem a coagular ou flocular. Em geral, um valor de 25 mV (positivo ou negativo) pode ser considerado como o valor arbitrário que separa as superfícies de baixa carga das superfícies de alta carga. Acredita-se que os colóides com potencial zeta de 40 a 60 mV são bem estáveis, e aqueles com mais de 60 mV têm excelente estabilidade. Kim et al. prepararam nanofluidos de Au com uma excelente estabilidade mesmo após 1 mês, embora não tenham sido observados dispersantes [35]. A estabilidade deve-se a um grande potencial zeta negativo das nanopartículas de Au na água. A influência do pH e do dodecil benzeno sulfonato de sódio (SDBS) na estabilidade de dois nanofluidos à base de água foi estudada

[36], e a análise do potencial zeta foi uma técnica importante para avaliar a estabilidade.

3 Análise de absorção espetral.

A análise da absorvência espetral é outra forma eficiente de avaliar a estabilidade dos nanofluidos. Em geral, existe uma relação linear entre a intensidade da absorção e a concentração de nanopartículas no fluido. Huang et al. avaliaram as caraterísticas de dispersão de suspensões de alumina e cobre utilizando o método de sedimentação convencional com a ajuda da análise de absorvência utilizando um espetrofotómetro após as suspensões terem sido depositadas durante 24 horas [37]. A investigação da estabilidade de sistemas de nanopartículas coloidais foi efectuada através da análise por espetrofotómetro [38]. Se os nanomateriais dispersos em fluidos tiverem bandas de absorção caraterísticas no comprimento de onda 190-1100 nm, é um método fácil e fiável de avaliar a estabilidade dos nanofluidos utilizando a análise espetral UV-vis. A variação da concentração de partículas sobrenadantes dos nanofluidos com o tempo de sedimentação pode ser obtida através da medição da absorção dos nanofluidos, porque existe uma relação linear entre a concentração de nanopartículas sobrenadantes e a absorvância das partículas em suspensão. A vantagem notável em comparação com outros métodos é que a análise espetral UV-vis pode apresentar a concentração quantitativa de nanofluidos. Hwang et al. [40] estudaram a estabilidade dos nanofluidos com o espetrofotómetro UV-vis. Acreditava-se que a estabilidade dos nanofluidos era fortemente afetada pelas caraterísticas das partículas em suspensão e do fluido de base, como a morfologia das partículas.

Capítulo mais próximo:

Este capítulo inclui as propriedades das nanopartículas e a melhoria das propriedades do fluido de base após a mistura de nanopartículas no fluido de base. Ficámos a conhecer as técnicas de preparação das nanopartículas e dos nanofluidos. Após a preparação, a sua estabilidade é mais importante, pelo que estudámos a estabilidade do nanofluido, a sua análise e as técnicas de melhoramento.

CAPÍTULO 3

MOTIVAÇÃO E DESAFIOS DO PROJECTO

3.1 Motivação do projeto

O consumo de energia e o aquecimento global são problemas fundamentais que podem restringir o desenvolvimento sustentável da sociedade humana. A conservação da energia e a redução das emissões são formas eficazes de resolver os problemas da gestão da energia e do aquecimento global. O consumo de energia dos aparelhos de ar condicionado está a aumentar de ano para ano, devido ao rápido aumento da sua produção e utilização. Por conseguinte, a eficiência energética dos aparelhos de ar condicionado tem de ser melhorada. Atualmente, a indústria da refrigeração está a trabalhar no sentido de encontrar um equilíbrio entre a proteção do ambiente e a poupança de energia. Em termos de proteção do ambiente, uma redução do consumo de energia do compressor aumentará a sua eficiência energética e terá um impacto significativo na conservação da energia e na proteção do ambiente. A utilização de aditivos no óleo POE para melhorar o desempenho do aparelho de ar condicionado representa um novo tipo de tecnologia de poupança de energia. Comparando a utilização de nanopartículas para modificar a superfície orgânica com os aditivos refrigerantes tradicionais, a primeira é mais ecológica e proporciona um melhor desempenho na transferência de calor. Os problemas ambientais, como o empobrecimento da camada de ozono (ODP) e o potencial de aquecimento global (GWP), e outro problema de consumo de energia ou velocidade de congelação e taxa de transferência de calor são resolvidos através da utilização de um novo tipo moderno de fluido denominado nanofluidos. A utilização de nanofluidos aumenta a taxa de transferência de calor e reduz o consumo de energia. Assim, o aumento da transferência de calor e a redução do consumo de energia resultam num aumento do desempenho do sistema.

3.2 Objetivo:

1. Estudo experimental sobre o efeito de nanopartículas em sistemas de ar condicionado com condutas.

2. Estudou as propriedades, a estabilidade e o método de preparação do Nanofluido.

3. Estudou o efeito da variação da fração mássica de nanopartículas de Al2O3 no desempenho térmico de um aparelho de ar condicionado com condutas.

4. Estudou o efeito do trabalho do compressor do sistema com e sem

Nanofluidos de Al2O3. Também se estudou o efeito dos nanofluidos de CuO no consumo de energia.

5. Estudo comparativo efectuado de nanofluidos de CuO e Al2O3.

Capítulo mais próximo:

Este capítulo inclui a motivação para o projeto e a nossa motivação é o desenvolvimento de dispositivos energeticamente eficientes. Para isso, tentámos melhorar o COP do ar condicionado com condutas, que tem grande aplicação na nossa sociedade. Para o conseguir, trabalhámos de acordo com os objectivos decididos para o projeto. Enfrentámos alguns desafios durante o trabalho do projeto. Este projeto tem um vasto âmbito futuro, que está incluído neste capítulo.

CAPÍTULO 4

REVISÃO DA LITERATURA

Muitos investigadores investigaram e estudaram o sistema VCR com nano-refrigerante e também o nano-lubrificante no desempenho do sistema VCR. Algumas dessas literaturas são apresentadas de seguida:

1. **A.S.N. Husainy, Ankush R. Gurav et al. (2018)**[41] publicaram um artigo "Preparação, Propriedades, Estabilidade e Aplicações de Diferentes Nanofluidos: A Review". Neste artigo, a atenção é dada à preparação, caraterísticas e aplicações de nanofluidos em pormenor. Verificou-se que a utilização de nanofluidos parece promissora, mas o desenvolvimento deste domínio enfrenta vários desafios, como a estabilidade a longo prazo, a queda de pressão, a erosão, o consumo de energia, etc. Neste artigo, foram analisadas as propriedades físicas térmicas de nanopartículas suspensas em refrigerante e óleo lubrificante de sistemas de refrigeração.

2. **A.S.N. Husainy, Pradnya M. Chougule et al. (2018)**[42] Publicou um artigo "Um olhar sobre a preparação, estabilidade, propriedades e aplicações de nanofluidos". Nesta revisão, foi feita uma tentativa de explicar o método de preparação, estabilidade, propriedades e aplicações de nanofluidos. É evidente que os nano-refrigerantes têm uma condutividade térmica mais elevada do que os refrigerantes tradicionais. O aumento da concentração de nanopartículas com base no volume da condutividade térmica também aumenta. O aumento das nanopartículas resulta num aumento da viscosidade e diminui com o aumento da temperatura.

3. **Zhelezny et al. (2017)**[43] as nanopartículas utilizadas nas suas experiências foram Al2O3 e TiO2. As soluções de nano-óleo refrigerante (RONS) foram preparadas pelo método de duas etapas. Foram realizadas experiências para investigar a estabilidade do nano-óleo. A presença de nanopartículas tem como consequência a diminuição da tensão superficial do refrigerante puro, no entanto, aumenta a solubilidade

4. **R Kumar et al.(2016)**[44] Nanopartículas de ZnO com tamanho de partícula de 20nm foram usadas como aditivo lubrificante juntamente com refrigerante de hidrocarboneto misturado (R290 / R600a). Nenhum surfactante foi evitado, pois pode afetar adversamente as propriedades termofísicas do coloide. As principais conclusões foram a diminuição da pressão de aspiração e de descarga em 17% e 21%, respetivamente, e a descida da temperatura do condensador em 21%. Do ponto de vista do desempenho, foi relatado que o gasto de energia do compressor foi reduzido em 7,48% e o COP foi aumentado em 45%

5. **Nilesh S. Desaiet al. (2015)**[45] a estabilidade das nanopartículas de SiO2 no óleo é investigada experimentalmente. Foi confirmado que as nanopartículas estão constantemente suspensas no óleo mineral numa condição estacionária durante um longo período de tempo. As nanopartículas com 1%, 2% e 2,5% (em massa) de concentração de SiO2 no óleo POE são preparadas e testadas na instalação. O resultado mostra que o COP do sistema foi melhorado em 7,61%, 14,05% e 11,90%, respetivamente, quando o nano-óleo foi usado em vez de óleo puro.

6. **Mahbubul I.M.et al. (2015)**[46] analisaram as propriedades termofísicas e o seu efeito no COP. O volume de 5% de nanopartículas de Al2O3 aumenta com o aumento da temperatura, ou seja, 8,12% a 28,58% para 208K a 308K. A densidade e a viscosidade do nano-refrigerante também aumentaram em 13,68% e 11% para o mesmo aumento de temperatura. A variação da condutividade térmica, da densidade e da viscosidade também aumenta o COP em 15%,

3,2% e 2,6%.

7. A.K.Singh 2014) [47] O Instituto de Defesa de Tecnologia Avançada, Pune, apresentou um trabalho sobre "Condutividade Térmica de Nanofluidos". Este estudo apresenta uma revisão da nanotecnologia com destaque para os estudos de condutividade térmica de nanofluidos. Concluíram que os nanofluidos têm um grande potencial para a gestão e o controlo térmicos envolvidos numa variedade de aplicações, como o arrefecimento eletrónico, os sistemas micro electromecânicos (MEMS) e a gestão térmica de naves espaciais.

8. Tiwari et al (2013)[48] , fizeram uma investigação sobre "Melhoria da transferência de calor num frigorífico doméstico utilizando R600a/óleo mineral/nano-Al2O3 como fluido de trabalho". Na experiência, o aumento da transferência de calor foi investigado numericamente na superfície de um frigorífico utilizando nano-refrigerantes Al2O3, onde os nanofluidos podem ser um fator significativo na manutenção da temperatura da superfície dentro de um intervalo necessário. A adição de nanopartículas ao refrigerante resultou em melhorias nas propriedades termofísicas e nas caraterísticas de transferência de calor do refrigerante, melhorando assim o desempenho do sistema de refrigeração. Os estudos experimentais indicaram que o sistema de refrigeração com nanorefrigerante funciona normalmente. A experiência mostrou que a capacidade de congelação é mais elevada e o consumo de energia é reduzido em 11,5% quando o óleo POE é substituído por uma mistura de óleo mineral e nanopartículas de óxido de alumínio. Assim, a utilização de nano lubrificante de óxido de alumínio num sistema de refrigeração demonstrou ser viável. Adicionado à temperatura de 283-308 K.

9. Abbas et al. (2013)[49] , realizaram um teste de desempenho em um sistema de refrigeração com nanolubrificante à base de CNT com refrigerante R134a. O óleo de polioléster com fracções de volume de partículas de 0,01%, 0,05% e 0,1wt% foi utilizado para a preparação do nanolubrificante. Os resultados experimentais mostram que as nanopartículas de CNT no lubrificante POE produziram um aumento no COP do sistema. Também se registou uma redução significativa do consumo de energia. O COP do sistema aumentou com o aumento da concentração em peso de CNT e o COP máximo foi obtido a uma concentração de 0,1wt%.

Sr.No.	Autor Nome	Nanofluidos e percentagem	Observação final
1	NileshS. Desaiet al (2018)	1%, 2% e 2,5% (em massa) concentração de SiO2no óleo POE.	O resultado mostra que o COP do sistema foi melhorado em 7,61%, 14,05% e 11,90%, respetivamente, quando o nano-óleo foi utilizado em vez de óleo puro.
2	Zhelezny et al. (2017)	Nanopartículas de A12O3 em fração mássica de 0,5%	A presença de nanopartículas de Al2O3 e TiO2 tem como consequência a diminuição da tensão superficial do refrigerante puro, no entanto, aumenta a solubilidade.
3	R Kumaret al.(2016)	Nanopartículas de ZnO com tamanho de partícula de 20 nm com mistura de hidrocarbonetos	O consumo de energia do compressor foi reduzido em 7,48% e o COP foi aumentado em 45%

		refrigerantes (R290/R600a)	
4	Mahabul et al, 2013,2015	Al2O3/R134a Φ1-5% Fluxo de massa= 100 kg/m² T= 283-308 k	Foi observada uma melhoria máxima de 28,58%. O COP aumentou em 15% devido à condutividade térmica.
5	Alwai et al, 2014	AhO3/R134a Φ1-5% D= 20nm T= 300-325 k	A condutividade térmica aumenta com o aumento da concentração de partículas e da temperatura e com a diminuição do tamanho das partículas.
6	Tiwariet al (2013),	R600a/mineral óleo/nano-Al2O3	A experiência mostrou que a capacidade de congelação é mais elevada e o consumo de energia é reduzido em 11,5% quando o óleo POE é substituído por uma mistura de óleo mineral e nanopartículas de óxido de alumínio.
7	Abbas et al. (2013)	Óleo de poliéster com volume de partículas fracções de 0,01%, 0,05% e 0,1wt%"	O COP do sistema aumentou com o aumento da percentagem de CNT e obteve-se um COP máximo a uma concentração de 0,1% em peso.

4.1 Observações finais da revisão da literatura

• Verificou-se que a utilização de nanofluidos parece promissora, mas o desenvolvimento deste domínio enfrenta vários desafios.

• A condutividade térmica aumenta com o aumento da concentração de partículas e da temperatura e com a diminuição do tamanho das partículas.

• Foi observado que a poupança de energia pode ser alcançada entre 7,03% e 12,30%. O resultado mostra que o COP do sistema foi melhorado em 7,61%, 14,05% e 11,90%, respetivamente, quando o nano-óleo foi utilizado em vez do óleo puro.

• A experiência mostrou que a capacidade de congelação é superior e o consumo de energia é reduzido em 11,5% quando o óleo POE é substituído por uma mistura de óleo mineral e nanopartículas de óxido de alumínio. Assim, a utilização de nano lubrificantes de óxido de alumínio em sistemas de refrigeração revelou-se viável.

• Foi observada uma melhoria máxima de 28,58%. O COP aumentou em 15% devido à condutividade térmica.

• A presença de nanopartículas de Al2O3 e TiO2 tem como consequência a diminuição da tensão superficial do refrigerante puro, no entanto, aumenta a solubilidade.

• O consumo de energia do compressor foi reduzido em 7,48% e o COP foi aumentado em 45%

CAPÍTULO 5

EFEITO DA FRACÇÃO DE MASSA, DA DIMENSÃO E DA FORMA DAS PARTÍCULAS
NO DESEMPENHO DO SISTEMA DE AR CONDICIONADO

5.1 Efeito do material das partículas e do fluido de base

São utilizados muitos materiais de partículas diferentes para a preparação de nanofluidos. As nanopartículas de Al2O3, CuO, TiO2, SiC, TiC, Ag, Au, Cu e Fe são frequentemente utilizadas na investigação de nanofluidos. Os nanotubos de carbono também são utilizados devido à sua condutividade térmica extremamente elevada na direção longitudinal (axial). Os fluidos de base mais utilizados na preparação de nanofluidos são os fluidos de trabalho comuns das aplicações de transferência de calor, tais como a água, o etilenoglicol e o óleo de motor. De acordo com os modelos convencionais de condutividade térmica, como o modelo de Maxwell, à medida que a condutividade térmica do fluido de base de uma mistura diminui, o rácio de condutividade térmica (condutividade térmica do nanofluido dividida pela condutividade térmica do fluido de base) aumenta. Verifica-se que os fluidos pouco condutores são mais eficazes do que os altamente condutores. Por isso, a água é geralmente evitada. Quando se trata de nanofluidos, a situação é mais complicada devido ao facto de a viscosidade do fluido de base afetar o movimento browniano das nanopartículas e este, por sua vez, afetar a condutividade térmica do nanofluido.

5.2 Efeito da temperatura

Em suspensões convencionais de partículas sólidas (com tamanhos da ordem dos milímetros ou micrómetros) em líquidos, a condutividade térmica da mistura depende apenas da temperatura, devido à dependência da condutividade térmica do líquido de base e das partículas sólidas em relação à temperatura. No entanto, no caso dos nanofluidos, a alteração da temperatura afecta o movimento browniano das nanopartículas e o agrupamento das nanopartículas, o que resulta em alterações drásticas da condutividade térmica dos nanofluidos com a temperatura.

5.3 Efeito da Acidez (PH)

O número de estudos relativos ao valor do pH sobre o efeito da acidez do fluido no aumento da condutividade térmica dos nanofluidos é limitado quando comparado com os estudos relativos aos outros parâmetros. A literatura refere uma diminuição significativa do rácio de condutividade térmica com o aumento dos valores de pH. Também se observou que a taxa de variação da condutividade térmica com a fração de volume de partículas dependia do valor do pH. O aumento da condutividade térmica do nanofluido de 5 vol. % Al2O3/água foi de 23% quando o pH é igual a 2,0 e tornou-se 19% quando o pH é igual a 11,5. Os autores relacionaram a dependência da condutividade térmica com o pH com o facto de que à medida que aumenta a diferença entre o ponto elétrico das nanopartículas de Al2O3 e o valor do pH da solução, aumenta a mobilidade das nanopartículas, o que melhora o efeito de micro-convecção. Obtêm-se valores óptimos de pH (aproximadamente 8,0 para os nanofluidos Al2O3/água e 9,5 para os nanofluidos Cu/água) para um aumento máximo da condutividade térmica. No valor ótimo de pH, a carga superficial das nanopartículas aumenta, o que cria forças repulsivas entre as nanopartículas. Como resultado deste efeito, evita-se uma forte aglomeração das nanopartículas (uma aglomeração excessiva pode resultar em sedimentação, o que diminui o aumento da condutividade térmica).

5.4 Melhoria da transferência de calor em escoamento laminar

Os resultados são mostrados na Figura 2.7 para Al2O3 em água sob fluxo laminar até a transição para turbulência. O aumento da transferência de calor aumenta com o aumento da concentração volumétrica das partículas, tal como a condutividade térmica (discutida anteriormente). O aumento da transferência de calor chega a 40% na Figura 2.6, enquanto o aumento da condutividade térmica é inferior a 15%. A constatação de que o aumento da transferência de calor excede o aumento da condutividade térmica é referida por alguns experimentadores.

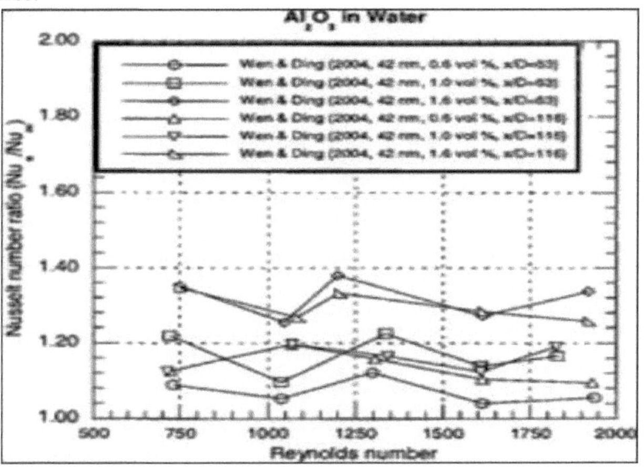

Gráfico 5.1.Transferência de calor em fluxo laminar de Al2O3 em água

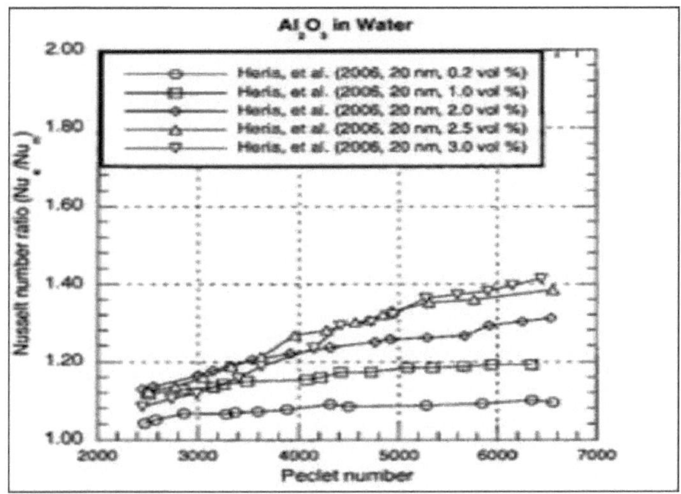

Gráfico.5.2.Transferência de calor em fluxo laminar de Al2O3 em água [3].

Esta constatação indica que a presença de nanopartículas no escoamento influencia a transferência de calor para além do que seria de esperar apenas do aumento da condutividade térmica. Alguns autores atribuíram este efeito adicional às interações partícula-fluido. Os resultados do Gráfico 5.2 não mostram qualquer influência do aumento da transferência de calor devido ao número de Reynolds neste escoamento laminar

Em concentrações de volume de partículas inferiores a 2%, o aumento da transferência de calor é comparável entre os dois grupos. A melhoria aumenta ainda mais à medida que a concentração volumétrica de partículas aumenta acima de 2%. Esta tendência é consistente com o aumento da condutividade térmica com o aumento da concentração volumétrica de partículas e, mais uma vez, o aumento da transferência de calor é maior do que o aumento da condutividade térmica. Os resultados para as concentrações volumétricas de partículas mais baixas apresentados nas Figuras 11 e 12 mostram um efeito reduzido do número de Reynolds no aumento da transferência de calor. No entanto, em concentrações de volume superiores a 2%, um aumento do número de Reynolds tem um efeito positivo no aumento da transferência de calor.

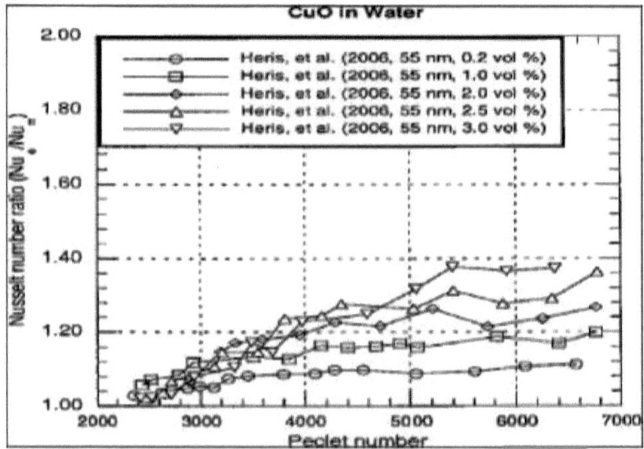

Gráfico 5.3.Transferência de calor em fluxo laminar de CuO em água [3].

Gráfico 5.3.Mostrar o aumento da transferência de calor para o fluxo laminar com diferentes tipos de partículas As concentrações volumétricas estão na mesma gama nas duas figuras, e os rácios de aumento também. Estes resultados indicam que a dimensão das partículas e o tipo de óxido têm uma influência menor no aumento da transferência de calor, que chega a ser de 40%. São necessários mais dados de outros experimentadores para descrever completamente estes resultados.

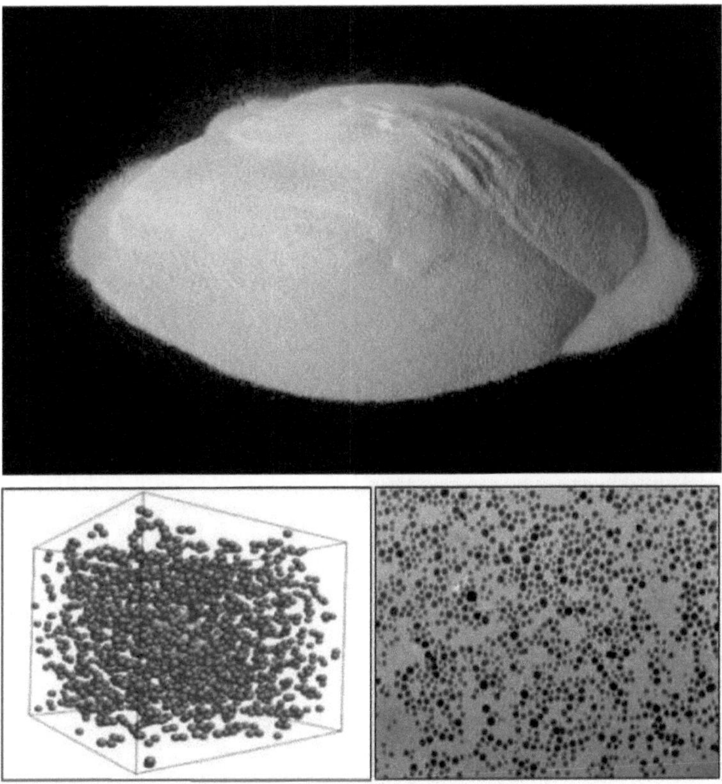

Fig.5.1 Al2O3NanoPó, Al2O3nanopartícula

5.5 Movimento browniano de um fluido

O movimento browniano é o movimento aleatório de partículas suspensas num fluido (um líquido ou um gás) resultante da sua colisão com as moléculas em movimento rápido no fluido.

Este padrão de movimento alterna tipicamente flutuações aleatórias na posição de uma partícula dentro de um sub-domínio de fluido com a deslocalização para outro sub-domínio. Cada deslocação é seguida por mais flutuações dentro do novo volume fechado. Este padrão descreve um fluido em equilíbrio térmico, definido por uma determinada temperatura. Neste fluido não existe uma direção preferencial de fluxo como nos fenómenos de transporte. Mais especificamente, os momentos lineares e angulares globais do fluido permanecem nulos ao longo do tempo. É também importante notar que as energias cinéticas dos movimentos Brownianos moleculares, juntamente com as das rotações e vibrações moleculares, somam a componente calórica da energia interna de um fluido.

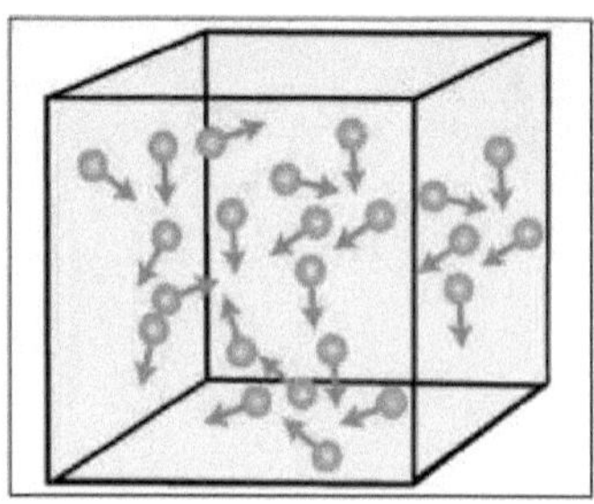

Fig. 5.2. Movimento browniano do nanofluido

5.5.1 Causas do movimento browniano

Sabemos que as interações desequilibradas entre as partículas provocam o movimento browniano. Vamos agora tentar compreender os factores que afectam este movimento.

- **Tamanho das partículas:** Quanto mais pequeno for o tamanho das partículas, mais rápido é o movimento. A razão por detrás deste comportamento é o facto de a transferência de momento ser inversamente proporcional à massa. Assim, quanto mais leve for a partícula, maior será a sua velocidade após uma colisão.

- **Viscosidade:** A viscosidade é a resistência do fluido ao fluxo. Para a água, é menor, mas para a pasta de dentes é elevada. A viscosidade é também inversamente proporcional à velocidade do movimento browniano. Assim, quanto menor for a viscosidade, mais rápido será o movimento.

5.5.2 Efeitos do movimento browniano

1. O movimento browniano actua como um sistema de agitação e, portanto, não permite que as partículas se depositem. Este facto conduz à estabilidade das soluções coloidais.

2. Isto também ajuda a distinguir entre a solução verdadeira e as soluções coloidais.

Capítulo mais próximo:

Este capítulo inclui o efeito da fração de massa, do tamanho das partículas e da forma das nanopartículas no nanofluido. O material das partículas afecta a condutividade do fluido de base, a temperatura afecta o movimento browniano e a acidez afecta a condutividade térmica do fluido. O tipo de fluxo do fluido também afecta a taxa de transferência de calor e verifica-se que o fluxo laminar melhora a taxa de transferência de calor. Para uma dispersão uniforme das nanopartículas no fluido de base, é utilizado um processo de agitação ultra-sónica que utiliza raios ultravioleta com vibração para perder a ligação entre as nanopartículas.

CAPÍTULO 6

ESTUDO E ENSAIO DE UM SISTEMA DE AR CONDICIONADO POR CONDUTAS

6.1 Ar condicionado com condutas

O termo refrigeração é definido como o processo de remoção de calor de uma substância em condições controladas. Inclui também o processo de reduzir e manter a temperatura de um corpo abaixo da temperatura geral do seu ambiente. Por outras palavras, a refrigeração significa uma extração contínua de calor de um corpo cuja temperatura já é inferior à temperatura do seu ambiente. Num frigorífico, o calor é virtualmente bombeado de uma temperatura mais baixa para uma temperatura mais alta. De acordo com a segunda lei da termodinâmica, este processo só pode ser efectuado com a ajuda de algum trabalho externo. Assim, é óbvio que o fornecimento de energia é regularmente necessário para acionar um frigorífico. Teoricamente, um frigorífico é um motor térmico invertido ou uma bomba de calor que bombeia o calor de um corpo frio e o fornece a um corpo quente. A substância que funciona numa bomba para extrair o calor de um corpo frio e o fornecer a um corpo quente é conhecida como refrigerante.

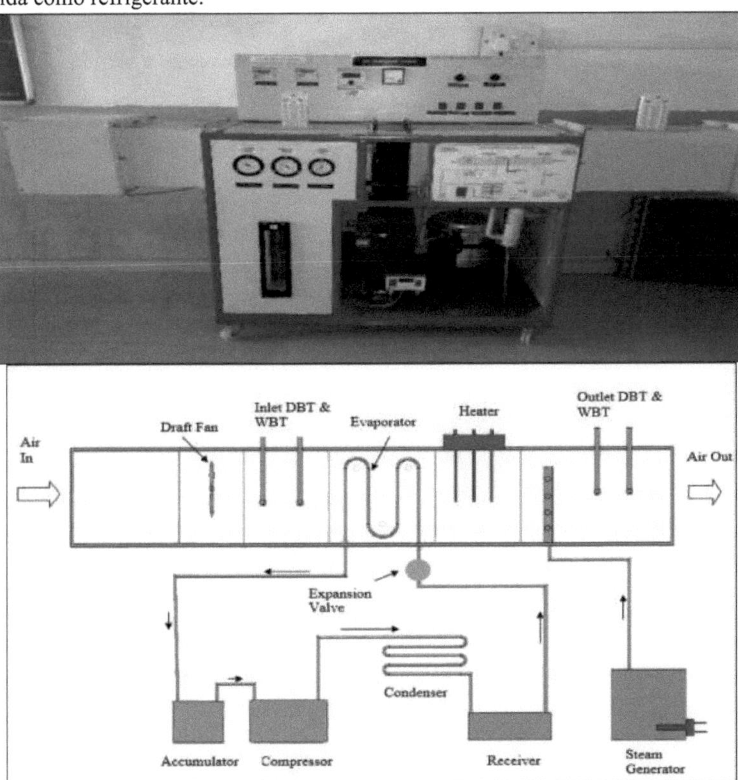

Fig. 6.1. Instalação experimental do sistema de ar condicionado com condutas.

O ar condicionado proveniente do equipamento de ar condicionado deve ser corretamente distribuído pelas divisões ou espaços a condicionar, de modo a obter condições de conforto. Quando o ar condicionado não pode ser fornecido diretamente do equipamento de ar condicionado para o espaço a ser condicionado, são instaladas condutas. O sistema de condutas transporta o ar condicionado do equipamento de ar condicionado para os pontos de distribuição de ar adequados ou para as saídas de fornecimento de ar na divisão e transporta o equipamento de ar condicionado de retorno para recondicionamento e recirculação. Este sistema global é designado por sistema de ar condicionado com condutas.

6.2 Refrigeração por compressão de vapor

Os sistemas de refrigeração por compressão de vapor são os mais utilizados entre todos os sistemas de refrigeração. Como o nome indica, estes sistemas pertencem à classe geral dos ciclos de vapor, em que o fluido de trabalho (refrigerante) sofre uma mudança de fase pelo menos durante um processo. Num sistema de refrigeração por compressão de vapor, a refrigeração é obtida quando o refrigerante evapora a baixas temperaturas. A entrada para o sistema é sob a forma de energia mecânica necessária para fazer funcionar o compressor. Por conseguinte, estes sistemas são também designados por sistemas de refrigeração mecânica. Os sistemas de refrigeração por compressão de vapor estão disponíveis para se adaptarem a quase todas as aplicações, com capacidades de refrigeração que variam entre alguns watts e alguns megawatts. Pode ser utilizada uma grande variedade de fluidos refrigerantes nestes sistemas para se adequarem a diferentes aplicações, capacidades, etc. O ciclo de compressão de vapor atual baseia-se no ciclo de Evans-Perkins, que também é designado por ciclo de Rankine invertido. Antes de o ciclo atual ser discutido e analisado, é essencial encontrar o limite superior de desempenho dos ciclos de compressão de vapor. Este limite é estabelecido por um ciclo completamente reversível.

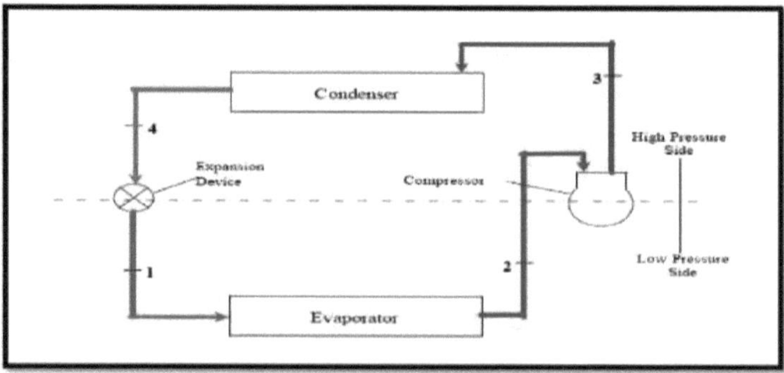

Fig. 6.2. Ciclo de Refrigeração por Compressão de Vapor (VCR).

6.3 Componentes Refrigeração por compressão de vapor

6.3.1 Compressor

O vapor de refrigerante a baixa pressão e temperatura do evaporador é aspirado para o compressor através da válvula de entrada ou de sucção, onde é comprimido até atingir uma pressão e temperatura elevadas. Este vapor de refrigerante a alta pressão e temperatura é descarregado no condensador através da válvula de descarga.

6.3.2 Condensador

O condensador ou refrigerador consiste em serpentinas de tubos nas quais o vapor refrigerante de alta pressão e temperatura é arrefecido e condensado. O refrigerante, ao passar pelo condensador, cede o seu calor latente ao meio de condensação circundante, que é normalmente ar ou água.

6.3.3 Recetor

O refrigerante líquido condensado do condensador é armazenado num recipiente conhecido como recetor, a partir do qual é fornecido ao evaporador através da válvula de expansão ou da válvula de controlo do refrigerante.

6.3.4 Válvula de expansão

É também designada por válvula de estrangulamento ou válvula de controlo do refrigerante. A função da válvula de expansão é permitir que o líquido refrigerante sob alta pressão e temperatura passe a um ritmo controlado, depois de reduzir a sua pressão e temperatura. Parte do líquido refrigerante evapora-se ao passar pela válvula de expansão, mas a maior parte é vaporizada no evaporador a baixa pressão e temperatura.

6.3.5 Evaporador

Um evaporador consiste em serpentinas de tubo nas quais o refrigerante líquido-vapor a baixa pressão e temperatura é evaporado e transformado em refrigerante vapor a baixa pressão e temperatura. Ao evaporar, o refrigerante de vapor líquido absorve o seu calor latente de vaporização do meio (ar, água ou salmoura) que vai ser arrefecido.

6.4 Psicrometria

A psicrometria é o domínio da engenharia que se ocupa das propriedades físicas e termodinâmicas das misturas gás-vapor. O termo deriva do grego Psuchron que significa "frio" e matron que significa "meio de medição".

6.4.1 Termos psicométricos

Temperatura de bulbo seco (DBT):

A temperatura de bulbo seco é a temperatura indicada por um termómetro normal.

Temperatura de bulbo húmido (WBT):

A temperatura de bulbo húmido termodinâmica é uma propriedade termodinâmica de uma mistura de ar e vapor de água. O valor indicado por um termómetro de bulbo húmido fornece frequentemente uma aproximação adequada da temperatura termodinâmica de bulbo húmido. Uma temperatura de bolbo húmido obtida com o ar a mover-se a cerca de 1-2 m/s é referida como uma temperatura de ecrã, enquanto que uma temperatura obtida com o ar a mover-se a cerca de 3,5 m/s ou mais é referida como uma temperatura de funda.

Temperatura do ponto de orvalho:

A temperatura de saturação da humidade presente na amostra de ar, também pode ser definida como a temperatura à qual o vapor se transforma em líquido (condensação). Normalmente, o nível em que o vapor de água se transforma em líquido marca a base da nuvem na atmosfera, daí chamar-se nível de condensação. Assim, o valor da temperatura que permite que este processo (condensação) tenha lugar é designado por "temperatura do ponto de orvalho".

- **Humidade:**

A humidade é um termo utilizado para descrever a quantidade de vapor de água presente no ar

- **Humidade específica:**

A humidade específica é definida como a proporção entre a massa de vapor de água e a massa da amostra de ar húmido (incluindo o ar seco e o vapor de água); está intimamente relacionada com o rácio de humidade e tem sempre um valor inferior.

- **Humidade absoluta:**

A massa de vapor de água por unidade de volume de ar que contém o vapor de água. Esta quantidade é também conhecida como a densidade do vapor de água.

- **Humidade relativa:**

A razão entre a pressão de vapor da humidade na amostra e a pressão de saturação à temperatura de bolbo seco da amostra.

- **Entalpia específica:**

Análogo à entalpia específica de uma substância pura. Em psicrometria, o termo quantifica a energia total do ar seco e do vapor de água por quilograma de ar seco.

- **Volume específico:**

Análogo ao volume específico de uma substância pura. No entanto, em psicrometria, o termo quantifica o volume total do ar seco e do vapor de água por unidade de massa de ar seco.

6.4.2 Propriedades psicométricas

Arrefecimento sensível:

Durante este processo, o teor de humidade do ar permanece constante, mas a sua temperatura diminui à medida que flui sobre uma serpentina de arrefecimento. Para que o teor de humidade se mantenha constante, a superfície da serpentina de arrefecimento deve estar seca e a temperatura da sua superfície deve ser superior à temperatura do ponto de orvalho do ar. Se a serpentina de arrefecimento for 100% eficaz, então a temperatura de saída do ar será igual à temperatura da serpentina. No entanto, na prática, a temperatura de saída do ar será superior à temperatura da serpentina de arrefecimento.

Deixe o ar à temperatura td1 passar sobre uma serpentina de arrefecimento de temperatura td3, como mostra a figura. A temperatura do ar exterior td2 é superior a td3.

Matematicamente é dado como, q= h1 - h2 = mcp (td1 - td2)

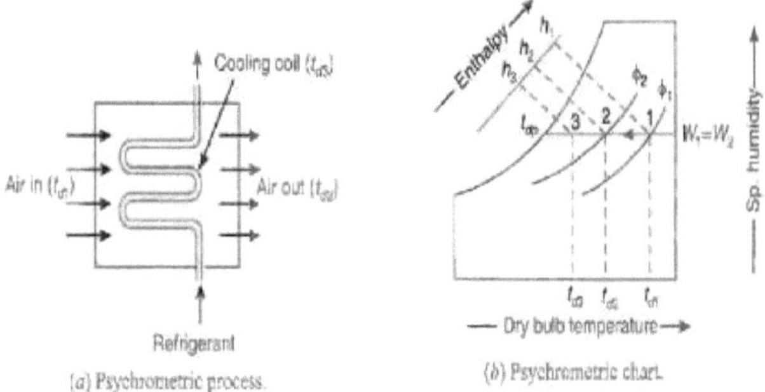

Fig. 6.3: Arrefecimento sensível

Aquecimento sensível:

Durante este processo, o teor de humidade do ar permanece constante e a sua temperatura aumenta à medida que passa por uma bobina de aquecimento. Se o ar à temperatura td1 passar por uma bobina de arrefecimento de temperatura td3, como se mostra na figura, a temperatura do ar exterior td2 é inferior a td3.

Matematicamente é dado como, q= h2 - h1 = mcp (td2 - td1)

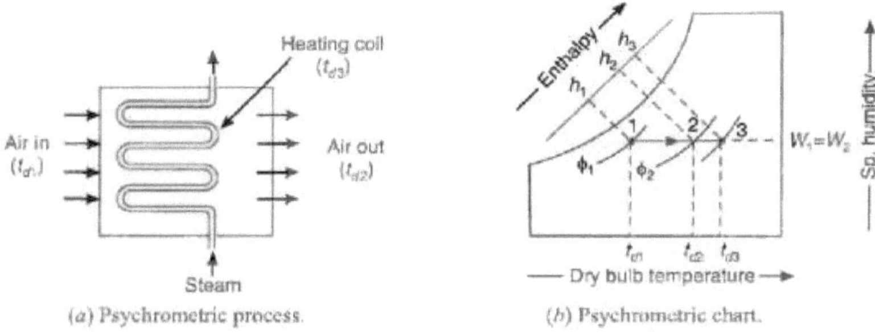

Fig 6.4 Aquecimento sensível

Arrefecimento e desumidificação

Quando o ar húmido é arrefecido abaixo do seu ponto de orvalho, colocando-o em contacto com uma superfície fria, como se mostra na figura, parte do vapor de água no ar condensa-se e deixa a corrente de ar sob a forma de líquido, o que faz com que tanto a temperatura como a taxa de humidade do ar diminuam, como se mostra. Este é o processo pelo qual o ar passa num sistema de ar condicionado típico. Embora a trajetória real do processo varie em função do tipo de superfície fria, da temperatura da superfície e das condições de fluxo, por uma questão de simplicidade assume-se que a linha do processo é uma linha reta. As taxas de transferência de calor e de massa podem ser expressas em termos das condições iniciais e finais, aplicando as equações de conservação de massa e de conservação de energia, conforme indicado abaixo:

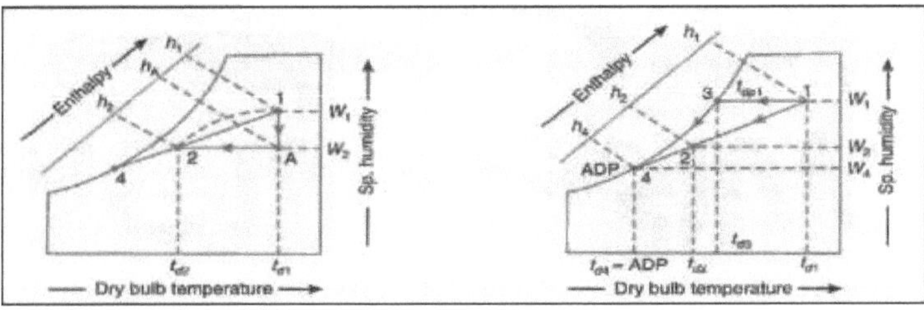

Fig 6.5 Arrefecimento e desumidificação

Aquecimento e humidificação:

Durante o inverno, é essencial aquecer e humedecer o ar ambiente para obter conforto. Como se mostra na figura, isto é normalmente feito aquecendo primeiro o ar de forma sensível e depois adicionando vapor de água ao fluxo de ar através de bocais de vapor, como se mostra na figura.

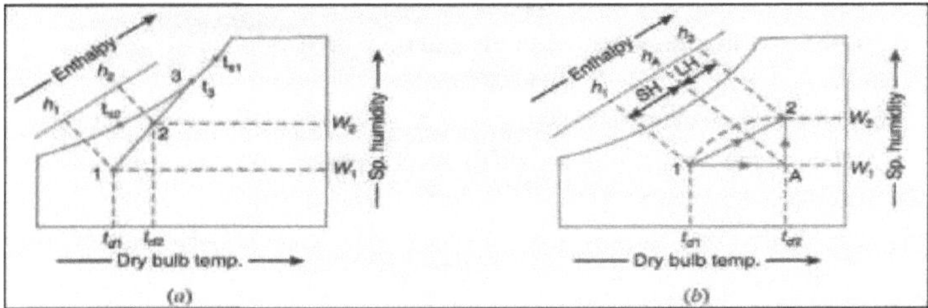

Fig 6.6 Aquecimento e humidificação

Arrefecimento e humidificação

Como o nome indica, durante este processo, a temperatura do ar desce e a sua humidade aumenta. Este processo é mostrado na Fig. Como mostra a figura, isto pode ser conseguido pulverizando água fria na corrente de ar. A temperatura da água deve ser inferior à temperatura de bulbo seco do ar, mas superior à temperatura do seu ponto de orvalho para evitar a condensação (TDPT <Tw< TO).

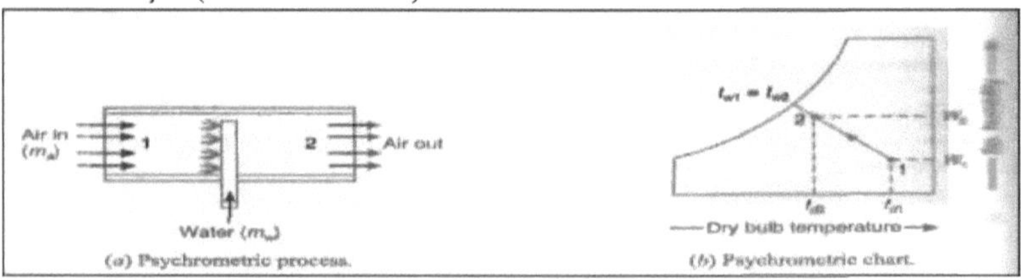

Fig 6.7 Arrefecimento e humidificação

Aquecimento e desumidificação

Este processo pode ser conseguido através da utilização de um material higroscópico, que absorve ou adsorve o vapor de água da humidade. Se este processo for isolado termicamente, a entalpia do ar permanece constante, pelo que a temperatura do ar aumenta à medida que o seu teor de humidade diminui, como se mostra na Fig. Este material higroscópico pode ser um sólido ou um líquido. Em geral, a absorção de água pelo material higroscópico é uma reação exotérmica, pelo que é libertado calor durante este processo, que é transferido para o ar e a entalpia do ar aumenta.

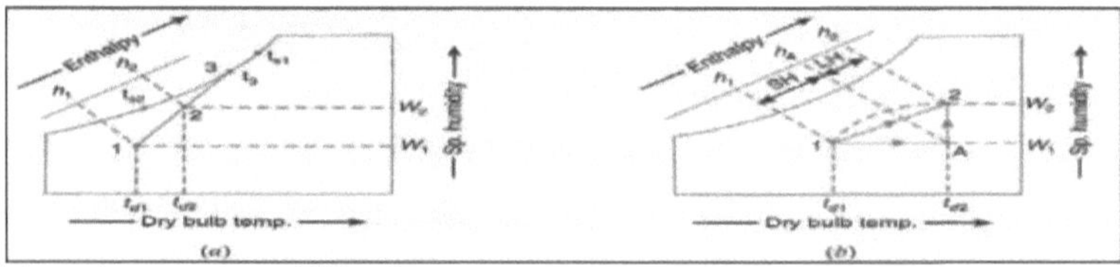

Fig.6.8 Aquecimento e desumidificação

De acordo com a ASHRAE, o ar condicionado pode ser definido como o controlo simultâneo da temperatura, da humidade, do movimento do ar e da pureza do ar. A maior parte dos aparelhos de ar condicionado são utilizados para controlar o movimento do ar e o conforto humano, mas também são aplicáveis a aplicações industriais.

O ar condicionado é amplamente classificado em

A. Ar condicionado de conforto

B. Ar condicionado industrial

Ar condicionado de conforto classificado de acordo com a estação abaixo

Ar condicionado no verão

No verão, a temperatura é bastante elevada e com a utilização do sistema de refrigeração. Podemos controlar a temperatura adequada para o ser humano através do seguinte processo de refrigeração e desumidificação

Ar condicionado de inverno

No inverno, a temperatura da atmosfera é baixa. Com a ajuda de equipamento adequado, podemos controlar a temperatura adequada para o ser humano.

Ar condicionado durante todo o ano

Para assegurar o controlo da temperatura e da humidade do ar num espaço fechado capaz de funcionar durante todo o ano. Quando a atmosfera está a mudar de acordo com a estação.

Ar condicionado industrial

Neste sistema, o ar é fornecido à temperatura e humidade necessárias para realizar com êxito um processo industrial específico. Neste sistema, as condições de conceção baseiam-se exclusivamente nos requisitos de desempenho e não no conforto humano.

Humidade

Não é mais do que o teor de humidade do ar. Subdivide-se da seguinte forma

Humidade específica

É a massa de vapor de água no ar por kg de ar seco. É dado por gm/kg de ar seco.

Humidade absoluta

O vapor de água presente no ar por unidade de volume de ar é conhecido como humidade absoluta. É dada em gm/m³

Humidade relativa

É a relação entre a massa real de vapor de água num determinado volume e a massa de vapor de água, se o ar estiver totalmente saturado à mesma temperatura. É sempre representado em %

Calor sensível

É o calor que pode ser calculado através da medição do DBT do ar.

Humidificação:-

Neste processo, a humidade é adicionada ao ar com a ajuda de pulverizadores que alteram o estado do ar.

A temperatura de bolbo seco e de bolbo húmido do ar refere-se ao estado de humidade

Arrefecimento sensível:

Durante este processo, o teor de humidade do ar permanece constante, mas a sua temperatura diminui à medida que flui sobre uma serpentina de arrefecimento. Para que o teor de humidade se mantenha constante, a superfície da serpentina de arrefecimento deve estar seca e a sua temperatura superficial deve ser superior à temperatura do ponto de orvalho do ar. Se a serpentina de arrefecimento for 100% eficaz, então a temperatura de saída do ar será igual à temperatura da serpentina. No entanto, na prática, a temperatura de saída do ar será superior à temperatura da serpentina de arrefecimento. A Figura 28.1 mostra o processo de arrefecimento sensível O-A num gráfico de psicrometria. A taxa de transferência de calor durante este processo é dada por:

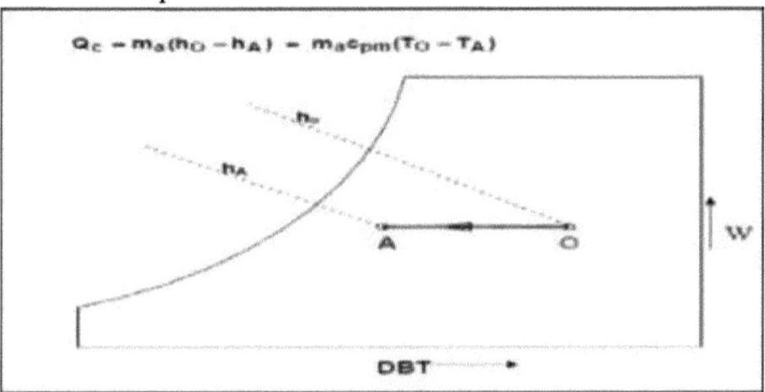

Fig. 6.9: Arrefecimento sensível

31

Aquecimento sensível (Processo O-B):
Durante este processo, o teor de humidade do ar permanece constante e a sua temperatura
aumenta à medida que flui sobre uma bobina de aquecimento. A taxa de transferência de calor
durante este processo é dada por:

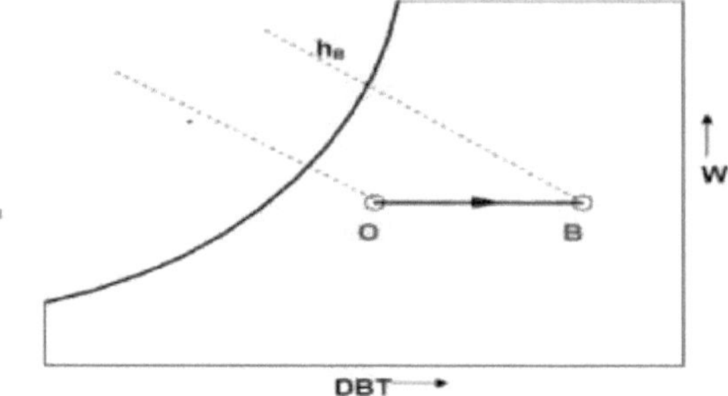

Fig 6.10.Aquecimento sensível

Arrefecimento e desumidificação (Processo O-C):
Quando o ar húmido é arrefecido abaixo do seu ponto de orvalho, colocando-o em contacto
com uma superfície fria, como se mostra na figura, parte do vapor de água no ar condensa-se
e deixa a corrente de ar como líquido, o que resulta numa diminuição da temperatura e da taxa
de humidade do ar, como se mostra. Este é o processo pelo qual o ar passa num sistema de ar
condicionado típico. Embora a trajetória real do processo varie em função do tipo de
superfície fria, da temperatura da superfície e das condições de fluxo, por uma questão de
simplicidade assume-se que a linha do processo é uma linha reta. As taxas de transferência de
calor e de massa podem ser expressas em termos das condições iniciais e finais, aplicando as
equações de conservação de massa e de conservação de energia, conforme indicado abaixo:

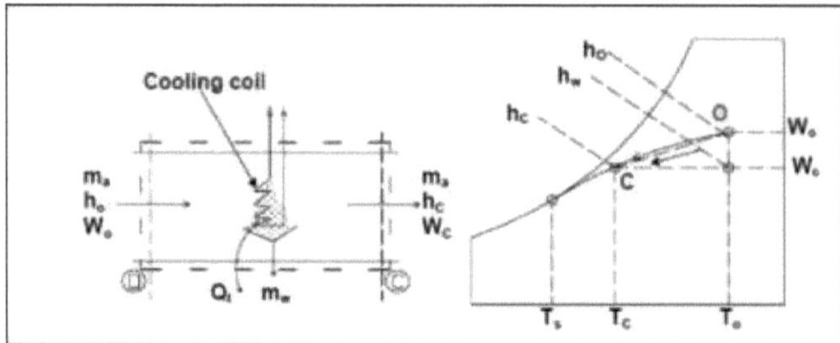

Fig 6.11.Arrefecimento e desumidificação (Processo O-C)

Descrição do aparelho
O equipamento consiste num suporte fabricado em MS, no qual é montado um conjunto de
condutas. Como o ventilador axial é fornecido com um componente como a bobina do
evaporador, o tubo injetor de jato de vapor e esta conduta está bem isolada. O caudal de ar
pode ser controlado com a ajuda de um demonstrador. Na conduta, está instalado um
termóstato de bolbo seco e húmido para medir a temperatura do ar à entrada e à saída. O
painel de controlo está instalado na conduta, na parte superior, e é composto por contadores
para o aquecedor e o compressor e vários controlos eléctricos
Um indicador de temperatura digital mecânico está instalado para medir a temperatura em
vários pontos abaixo do compressor da conduta, do recetor de líquido do condensador e do

gerador de vapor num suporte fabricado pela MS.

Especificações

Compressor	Capacidade de arrefecimento hermético 1600w
Condensador	Refrigerado a ar com motor de ventilador
Dispositivo de expansão	Válvula de expansão termostática
Manómetro	0-300 PSI e 0-150 PSI 1 NOS cada
Corte HPLP	Corte de alta pressão para desligar o compressor
Contador de energia	Monofásico para o compressor e o aquecedor 1 NOS cada
Amperímetro	Gama 0-20 Amp
Dimmer stat	230 volts para o controlo do aquecedor
Ventilador axial	Para forçar o ar na conduta. Monofásico
Termómetro seco e húmido	2 NOS para medição do estado do ar à entrada e à saída
Indicador de temperatura	Digital multicanal.

Tabela no. 6.1

6.5 Procedimento experimental:

No nosso projeto, fizemos leituras de várias fracções mássicas de nanopartículas de Al2O3 em 0,25%, 0,50%, 0,75% e 1,00%. Seguimos o procedimento abaixo indicado:

1. A proporção de nanopartículas de Al2O3 a adicionar ao óleo lubrificante é determinada para várias fracções de massa e é depois misturada no óleo POE.

2. Em primeiro lugar, calculámos o peso das nanopartículas de Al2O3 correspondente à proporção de óleo lubrificante, ou seja, óleo de poliéster. De acordo com os cálculos, obtemos os resultados do peso das nanopartículas conforme indicado abaixo:

Percentagem de nanopartículas (%)	Peso necessário em gm.
0.25	1
0.50	2
0.75	3
1.00	4

Quadro n.º 6.2

3. Após o cálculo, tomámos o peso das nanopartículas para 0,25%, ou seja, 1gm de nanopartículas. Em seguida, misturámos esta nanopartícula de Al2O3 de peso adequado no fluido de base (óleo de poliéster) na SGU, Atigre.

4. Para uma mistura uniforme das nanopartículas no fluido de base, utilizámos a tecnologia de agitação ultra-sónica. A instalação da agitação por ultra-sons encontra-se na SGU, Atigre. Para isso, obtivemos autorização oficial da nossa faculdade e da faculdade SGU. Em seguida, utilizámos o agitador ultrassónico para a dispersão adequada das nanopartículas de Al2O3 no fluido de base.

5. Compreendemos todo o processo de agitação por ultra-sons e concluímos com êxito o processo para todas as fracções de massa.

6. Em primeiro lugar, colocámos 450 ml de óleo num copo e adicionámos 1 g de

nanopartículas. Em seguida, colocámos este copo no reservatório do agitador cheio de água e ligámos o vibrador. .

7. Após 2 horas. Obtemos a mistura correta de partículas e óleo. O nanofluido está então formado e pronto para efetuar leituras.

8. Depois fomos à oficina "Scientific Indian" em Miraj, para efetuar as leituras através da introdução do nosso nanofluido no sistema.

9. Para a primeira leitura, aprendemos com os técnicos o processo de descarga, aspiração, carregamento e teste de fugas do sistema de compressão de vapor. Em seguida, efectuámos todo o processo para a leitura posterior de 0,50%, 0,75%, 1,00%.

10. Primeiro, descarregamos o sistema através do compressor de serviço ligado à válvula de descarga e removemos todo o óleo do compressor e o refrigerante do sistema. De seguida, iniciamos o processo seguinte de formação de vácuo. Neste processo, o compressor de serviço é utilizado para aspirar o ar do sistema e criar vácuo no mesmo. Ao criar vácuo, o refrigerante ocupará o espaço no sistema durante o processo de carregamento.

11. O processo seguinte é o carregamento do novo refrigerante e a adição do nosso nanofluido. Primeiro, adicionámos óleo (nanofluido) ao compressor utilizando a válvula de carregamento. Ligámos um tubo à válvula de carga e um funil à extremidade do tubo e deitámos óleo (nanofluido) através deste funil. Após a adição do óleo, carregámos o refrigerante sob a observação dos técnicos. Para isso, utilizámos a válvula de carga, a porca e o tubo.

12. Após o carregamento, o processo seguinte é o teste de fugas. Para o efeito, utilizámos uma sopa de teste de fugas. Fizemos espuma com um pincel e aplicámo-la nas juntas e cantos dos tubos e outros componentes. Se o sistema tiver fugas, a solução de sabão mudará de cor ao reagir com o refrigerante; se o sistema não tiver fugas, permanecerá como está. Após a conformação do sistema, este está pronto a funcionar.

13. Para obter o desempenho real, ligámos o sistema de ar condicionado com condutas e mantivemo-lo assim durante 15 minutos. Após 15 minutos, efectuámos leituras dos seguintes parâmetros:

- Pressão do evaporador e do condensador
- Leitura do contador de energia do compressor durante 10 intermitências
- Temperatura de entrada e de saída do condensador
- Temperatura de entrada e de saída do evaporador

Entrada e saída DBT,WBT

6.6 Agitador ultrassónico

A Ultra-Sonicação é o ato de aplicar energia sonora para agitar partículas numa amostra, para vários fins, como a extração de múltiplos compostos de plantas, microalgas e algas marinhas. A ultra-sonificação pode ser utilizada para a produção de nanopartículas, tais como nanoemulsões, nanocristais, lipossomas e emulsões de cera, bem como para a purificação de águas residuais, produção de biocombustíveis, dessulfuração de petróleo bruto e muitos outros processos. A dispersão ultra-sónica de nanopartículas é uma excelente forma de quebrar os agregados, mas é necessário ter cuidado para evitar a contaminação das amostras ao dispersar o nanomaterial. A sonicação pode ser utilizada para acelerar a dissolução, quebrando as interações intermoleculares. É especialmente útil quando não é possível agitar a amostra, como acontece com os tubos NMR. Pode também ser utilizada para fornecer a energia necessária à realização de determinadas reacções químicas. A sonicação pode ser utilizada para remover gases dissolvidos de líquidos (desgaseificação) através da sonicação do líquido enquanto este se encontra sob vácuo.

Fig 6.12.Agitador de ultra-sons

Mistura de nanopartículas com óleo por meio de agitador ultrassónico

A mistura por ultra-sons é um processo que utiliza ultra-sons (normalmente de 20-400 kHz) e um aditivo adequado para misturar itens de forma homogénea. Os ultra-sons podem ser utilizados apenas com água, mas a utilização de um solvente adequado ao produto a misturar aumenta o efeito. A mistura dura normalmente entre três e seis minutos, mas pode também ultrapassar os 20 minutos, dependendo do objeto a misturar. As máquinas de limpeza por ultra-sons começaram a ser utilizadas na indústria por volta de 1950 e passaram a ser utilizadas como aparelhos domésticos relativamente baratos por volta de 1970.

A sonicação pode ser utilizada para a produção de nanopartículas, tais como nanoemulsões, nanocristais, lipossomas e emulsões de cera, bem como para a purificação de águas residuais, desgaseificação, extração de óleo vegetal, extração de antocianinas e antioxidantes, produção de biocombustíveis, dessulfuração de petróleo bruto, rutura de células, processamento de polímeros e epóxi, diluição de adesivos e muitos outros processos. É aplicado nas indústrias farmacêutica, cosmética, da água, alimentar, das tintas, das pinturas, dos revestimentos, do tratamento da madeira, da metalurgia, dos nanocompósitos, dos pesticidas, dos combustíveis, dos produtos de madeira e em muitas outras indústrias.

Fig. 6.13. Agitador ultrassónico com nanofluido

A sonicação pode ser utilizada para acelerar a dissolução, quebrando as interações intermoleculares. É especialmente útil quando não é possível agitar a amostra, como acontece nos tubos de RMN. Pode também ser utilizada para fornecer a energia necessária à realização de determinadas reacções químicas. A sonicação pode ser utilizada para remover gases dissolvidos de líquidos (desgaseificação) através da sonicação do líquido enquanto este se encontra sob vácuo.

As amostras de solo são frequentemente submetidas a ultra-sons para quebrar os agregados do solo; isto permite o estudo dos diferentes constituintes dos agregados do solo (especialmente a matéria orgânica do solo) sem os submeter a um tratamento químico rigoroso. A sonicação é também utilizada para extrair microfósseis das rochas. A sonicação pode também referir-se à polinização por zumbido, o processo que as abelhas utilizam para sacudir o pólen das flores através da vibração dos músculos das asas.

6.7 Estabilidade a longo prazo da dispersão de nanopartículas

A preparação de suspensões homogéneas continua a ser um desafio técnico, uma vez que as nanopartículas formam sempre agregados devido a interações de Van Der Waals muito fortes. Para obter nanofluidos estáveis, foram efectuados tratamentos físicos ou químicos, como a adição de um tensioativo, a modificação da superfície das partículas em suspensão ou a aplicação de uma força forte nos aglomerados das partículas em suspensão. Por outro lado, se o permutador de calor funcionar em condições laminares, a utilização de nanofluidos parece vantajosa, sendo as únicas desvantagens até à data o seu elevado preço e a potencial instabilidade da suspensão.

De um modo geral, a estabilidade a longo prazo da dispersão de nanopartículas é um dos requisitos básicos das aplicações de nanofluidos. A estabilidade dos nanofluidos tem uma boa relação com o aumento da condutividade térmica, sendo que quanto melhor for o comportamento de dispersão, maior será a condutividade térmica dos nanofluidos. No entanto, o comportamento de dispersão das nanopartículas pode ser influenciado pelo período de tempo. Como resultado, a condutividade térmica dos nanofluidos acaba por ser afetada.

Na figura 6.14 mostra-se o tempo de sedimentação das nanopartículas para 1% de concentração que se encontra em estado de repouso (estacionário) e o período máximo para a sedimentação das nanopartículas é de cerca de 20 a 22 dias. Neste projeto, as nanopartículas são também adicionadas ao óleo do compressor, para que o nanofluido funcione com peças móveis. Assim, o período de sedimentação das nanopartículas no óleo do compressor pode ser aumentado devido à turbulência presente no óleo do compressor. Deste modo, a dispersão das nanopartículas ocorre automaticamente no óleo do compressor e proporciona uma estabilidade a longo prazo no óleo.

Fig. 6.14 A sedimentação de nanopartículas em tempos de decantação.

Capítulo mais próximo:

Este capítulo inclui a teoria do sistema de ar condicionado com condutas e a construção e funcionamento do ciclo de compressão de vapor. A teoria da psicrometria e todas as propriedades psicométricas estão incluídas neste capítulo. Para além disso, a construção da instalação experimental, as especificações dos componentes e o procedimento experimental detalhado estão incluídos neste capítulo.

CAPÍTULO 7

OBSERVAÇÕES E CÁLCULOS

Fórmulas:

1. Para conversão da pressão de Psi para bar:

$$P = \frac{x}{14.5}$$

Onde, x= pressão em Psi

2. Para conversão do caudal mássico de LPH para Kg/seg

$$m` = \frac{x \times 10^{-3} \times 1186.7}{3600}$$

Onde, m`= caudal mássico em m3/seg.

x= caudal mássico em LPH Densidade do R134a=1186,7m3/kg

3. Para calcular o COP de Carnot:

$$(COP)_{camot} = \frac{TL}{TH-TL}$$

Onde, TL= Temperatura de saturação mais baixa

TH= Temperatura de saturação mais elevada

4. Para calcular o COP teórico:

$$(COP)_{th} = \frac{h1-h4}{h2-h1}$$

5. Para calcular o COP real:

$$\text{Compressor work} = \frac{Tc \times EMC}{10 \times 3600}$$

Onde, Tc= Tempo necessário para 10 intermitências

EMC= Leitura do contador de energia do compressor Calor absorvido no evaporador = m`▲h

Onde, m`= caudal mássico de refrigerante no evaporador (m3/seg.) ▲h= efeito do refrigerante

$$(COP)_{Actual} = \frac{\text{Heat absorbed in evaporator from water}}{\text{Compressor work}}$$

6. Calcular o fator de calor sensível para arrefecimento:

$$SHF = \frac{SH}{SH+LH}$$

Onde, SH= Calor sensível LH= Calor latente

7. Calcular o fator de calor latente para arrefecimento:

$$LHF = \frac{LH}{SH+LH}$$

Observações e cálculos

Para condições normais (sem nanopartículas):

N.º Sr.	Parâmetros	Observações	
1	Pressão do evaporador	35 psi	2,41bar
2	Pressão do condensador	135 psi	9,31 bar
3	Leitura do contador de energia do compressor para 10 intermitências	16.60seg	

Quadro n.º 7.1

N.º Sr.	Descrição	Símbolo	Unidade	Leitura
1	Temperatura de entrada do condensador	Tci	°C	62
2	Temperatura de saída do condensador	Tco	°C	38
3	Temperatura de entrada do evaporador	Tei	°C	6
4	Temperatura de saída do evaporador	Teo	°C	10

Quadro n.º 7.2

Temperaturas psicométricas para a condição **de arrefecimento sensível**

N.º Sr.		DBT(°C)	WBT(°C)
1	Entrada	30	21
2	Saída	15.5	14.5

Quadro n.º 7.3

Cálculos:

Pressão do evaporador (Pe) = 35 psi

$$Pe = \frac{35}{14.5} = 2.41$$

bar Pressão do condensador (Pc) = 135 psi

$$Pc = \frac{135}{14.5} = 9.31 \text{ bar}$$

bar

Rotâmetro Caudal $= 27 \text{ LPH} = \frac{27 \times 10^{-3}}{3600} = 7.5 \times 10^{-6} \text{ m}^3/\text{sec}$

COP de Carnot:

Da tabela de refrigeração: TL= -4 E TH=37

$$(COP)carnot = \frac{TL}{TH - TL} = \frac{(-5.37 + 273)}{(35.53 + 273) - (-5.37 + 273)}$$

(COP)carnot = 6,56

COP teórico:

Todos os valores de entalpia são retirados da tabela P-H:

$$(COP)th = \frac{h1 - h4}{h2 - h1} = \frac{404 - 248}{445 - 404}$$

(COP)th = 3,80

COP real:

Trabalho do compressor $= \dfrac{Tc \times EMC}{10 \times 3600}$

Onde,

39

Tc= Tempo necessário para 10 intermitências Trabalho do compressor $=\dfrac{16.60\times3200}{10\times3600}$

Trabalho do compressor =1,4755 KW Calor absorvido no evaporador = m`▲h Onde,

m`: caudal mássico de refrigerante no evaporador (m3/seg.) Densidade do R134a=1186,7

$$m` = 7.5 \times 10^{-6} \times 1186.7 = 8.898 \times 10^{-3}$$

▲h: Efeito do refrigerante Calor absorvido no evaporador

$$= 8.898 \times 10^{-3} \times (404 - 248) = 1.3880 KJ/Sec$$

$$(COP)_{Actual} = \frac{\text{Heat absorbed in evaporator from water}}{\text{Compressor work}} = \frac{1.3880}{1.4755} = 0.9407$$

Fator de calor sensível para arrefecimento:

$$SHF = \frac{SH}{SH+LH}$$

$$= \frac{(57-41)}{(57-41)+(61-57)}$$

SHF=0,8461 (Da tabela de psicrometria)

Fator de calor latente para arrefecimento:

$$LHF = \frac{LH}{SH+LH}$$

$$= \frac{(61-57)}{(57-41)+(61-57)}$$

LHF= 0,2 (a partir da tabela de psicrometria)

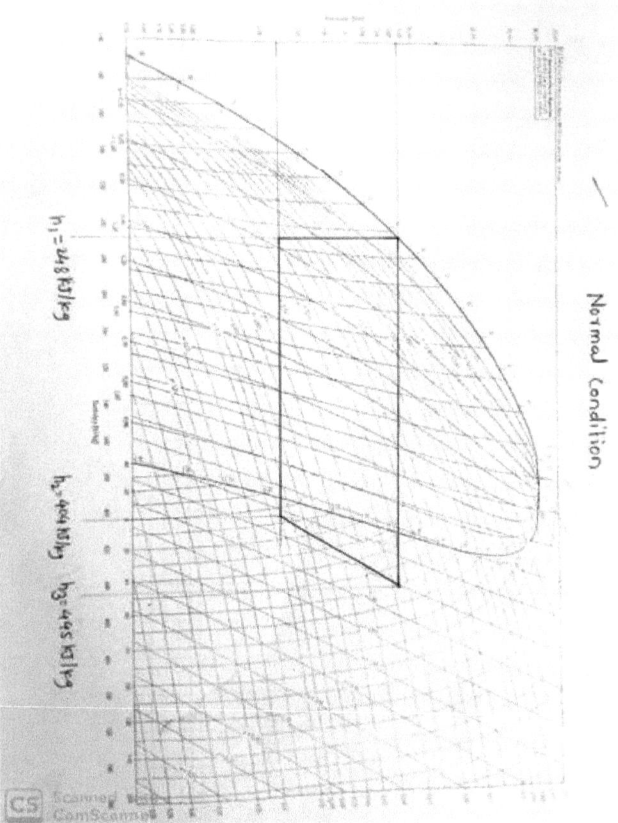

Gráfico P-H 7.1: Para condição normal

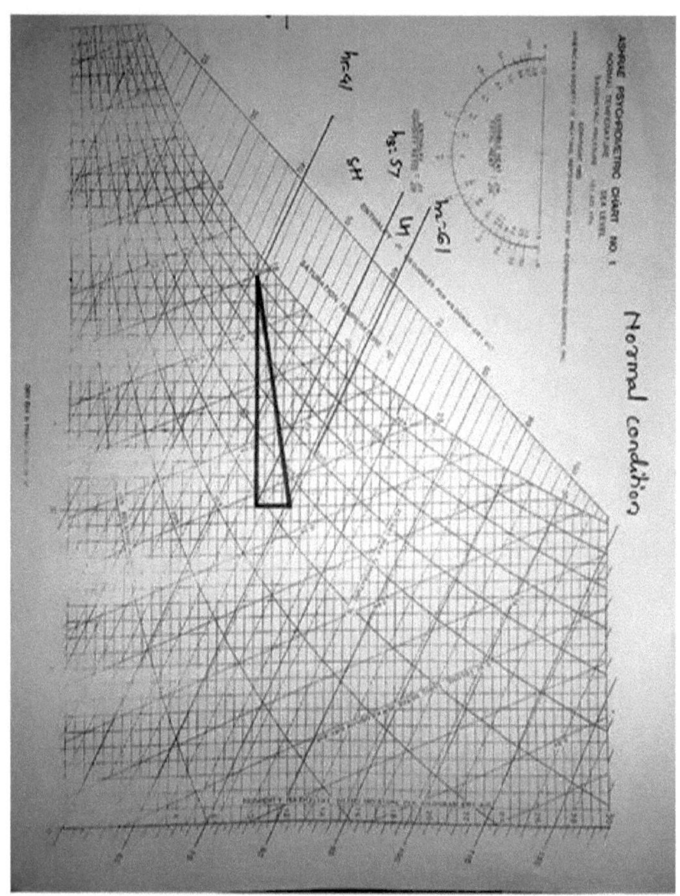

Gráfico psicométrico 7.2: Para condições normais

Para nanopartículas com 0,25% (com adição de 1gm de nanopartículas):

N.º Sr.	Parâmetros	Observação	
1	Pressão do evaporador	40 Psi	2,41 bar
2	Pressão do condensador	70 psi	9,655 bar
3	Leitura do contador de energia do compressor durante 10 intermitências	14.07seg	

Quadro n.º 7.4

N.º Sr.	Descrição	Símbolo	Unidade	Leitura
1	Temperatura de entrada do condensador	Tci	°C	61
2	Temperatura de saída do condensador	Tco	°C	36
3	Temperatura de entrada do evaporador	Tei	°C	4
4	Temperatura de saída do evaporador	Teo	°C	3

Quadro n.º 7.5

Temperaturas psicométricas para a condição **de arrefecimento sensível**

N.º Sr.		DBT(°C)	WBT(°C)
1	Entrada	30	18
2	Saída	14	11

Table n.º 7.6

Cálculos:

Pressão do evaporador (Pe) = 40 psi

$$Pe = \frac{40}{14.5} = 2.41 \text{ bar}$$

Pressão do condensador (Pc) = 170 psi

$$Pc = \frac{170}{14.5} = 9.655 \text{ bar}$$

$$\text{RotâmetroVazão} = 29 \text{ LPH} = \frac{25 \times 10^{-3}}{3600} = 6.95 \times 10\text{-}6 \text{ m3/sec}$$

COP de Carnot:

Da tabela de refrigeração: T_L = -4 & T_H = 38.03

$$(COP)carnot = \frac{TL}{TH-TL} = \frac{(-4+273)}{(38.03+273)-(-4+273)}$$

(COP)carnot = 6,40

COP teórico:

Todos os valores de entalpia são retirados da tabela P-H:

$$(COP)th = \frac{h1-h4}{h2-h1} = \frac{400-253}{447-400}$$

(COP)th = 3,127

COP real:

Trabalho do compressor $= \dfrac{Tc \times EMC}{10 \times 3600}$

$= \dfrac{14.07 \times 3200}{10 \times 3600}$

$= 1{,}2506 KW$

Calor absorvido no evaporador $= m` \blacktriangle h\, m$

$m` = 6.95 \times 10^{-6} \times 1186.7 = 8.25 \times 10^{-3}\ Kg/sec$ Calor absorvido no evaporador=

$= 8.25 \times 10^{-3} \times (400 - 253)$

$(COP)_{Actual} = \dfrac{\text{Heat absorbed in evaporator from water}}{\text{Compressor work}} = \dfrac{1.2124}{1.2506}$

$(COP)_{Atual} = 0{,}9694$

Fator de calor sensível para arrefecimento:

$SHF = \dfrac{SH}{SH+LH}$

$= \dfrac{(48-31.5)}{(48-31.5)+(51-48)}$

SHF=0,8461 (Da tabela de psicrometria)

Fator de calor latente para arrefecimento:

$LHF = \dfrac{LH}{SH+LH}$

$= \dfrac{(51-48)}{(48-31.5)+(51-48)}$

SHF=0,1538 (Do gráfico de psicrometria)

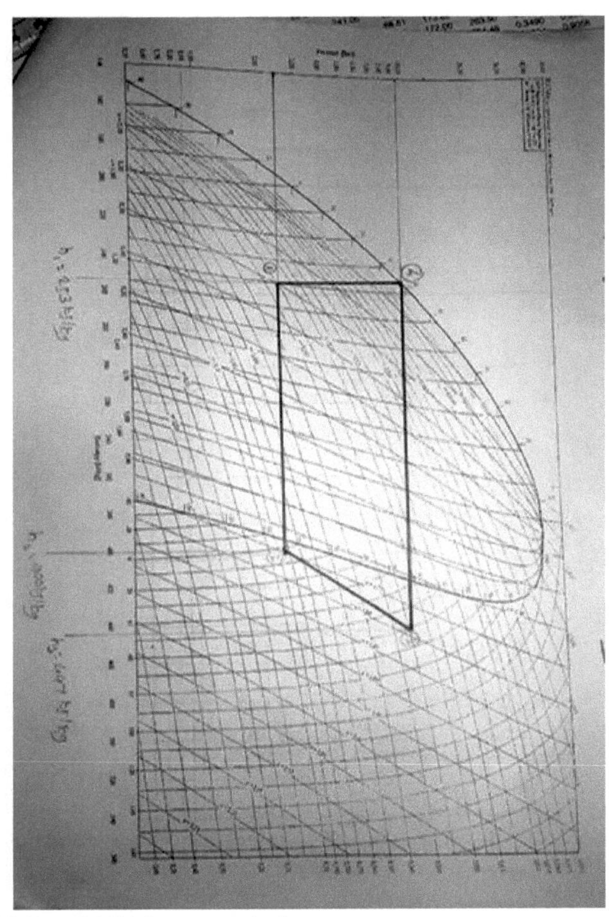

P-H Gráfico 7.3: Para 0,25% de nanopartículas
Gráfico psicométrico 7.4:. Para 0,25% de nanopartículas

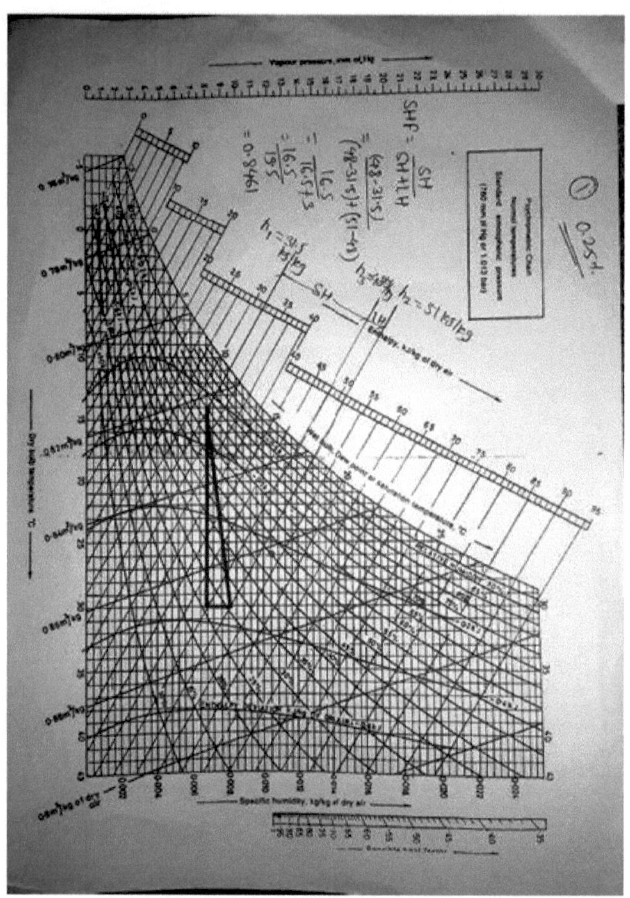

Para nanopartículas com 0,50% (com adição de 2gm de nanopartículas):

Sr. No. Parâmetros Observações

1	Pressão do evaporador	35 Psi	2,41 bar
2	Pressão do condensador	139 psi	9,59 bar
3	Leitura do contador de energia do compressor durante 10 intermitências	14 segundos	
	Quadro N	Io.7.7	

N.º Sr.	Descrição	Símbolo	Unidade	Leituras
1	Temperatura de entrada do condensador	Tci	°C	61
2	Temperatura de saída do condensador	Tco	°C	35
3	Temperatura de entrada do evaporador	Tei	°C	4

| 4 | Temperatura à saída do evaporador | Teo | °C | | 3 |

Quadro n.º 7.8

Temperaturas psicométricas para a condição **de arrefecimento sensível**

Sr.No.		DBT(°C)	WBT(°C)
1	Entrada	30	19
2	Saída	14	12

Tabela ^   N.º 7.9

Cálculos:

Pressão do evaporador (Pe) = 35 psi

$$Pe= \frac{35}{14.5}= 2.41 \text{ bar}$$

Pressão do condensador (Pc) = 139 psi

$$Pc= \frac{139}{14.5} = 9.59 \text{ bar}$$

Medidor de caudalRegime de caudal $= 25 \text{ LPH}= \frac{25\times10^{-3}}{3600} = 6.95\times10\text{-}6 \text{ m3/sec}$

COP de Carnot:

Da mesa de refrigeração:

T_L= -4 e T_H= 35

$$(COP)Carnot= \frac{TL}{TH-TL} = \frac{(-4+273)}{(35+273)-(-4+273)}$$

(COP)Carnot= 6,89

COP teórico:

Todos os valores de entalpia são retirados da tabela P-H:

$$(COP)th= \frac{h1-h4}{h2-h1}=\frac{405-273}{446-405}$$

(COP)th=3,707

COP real:

Trabalho do compressor $=\frac{Tc\times EMC}{10\times3600}$

$$=\frac{14\times3200}{10\times3600}$$

Trabalho do compressor =1,25 KW

Calor absorvido no evaporador = m'Ah

m' = $6,95\times10^{-6} \times 1186,7$= $8,2475\times10^{-3}$ Kg/sec

Calor absorvido no evaporador= $8,2475\times10^{-3} \times(405\text{-}253)$

=1,2536 KJ/Segundo

$$(COP)_{Actual}= \frac{\text{Heat absorbed in evaporator from water}}{\text{Compressor work}} = \frac{1.2536}{1.25}$$

(COP)Actua=1.00

Fator de calor sensível para arrefecimento:

$$SHF = \frac{SH}{SH+LH} = \frac{(52.2-35)}{(52.2-35)+(55.5-52.2)}$$

SHF= 0,8514Da tabela psicométrica)

Fator de calor latente para arrefecimento:

$$LHF = \frac{LH}{SH+LH} = \frac{(55.5-52.2)}{(52.2-35)+(55.5-52.2)}$$

LHF= 0,1609 Da tabela psicométrica)

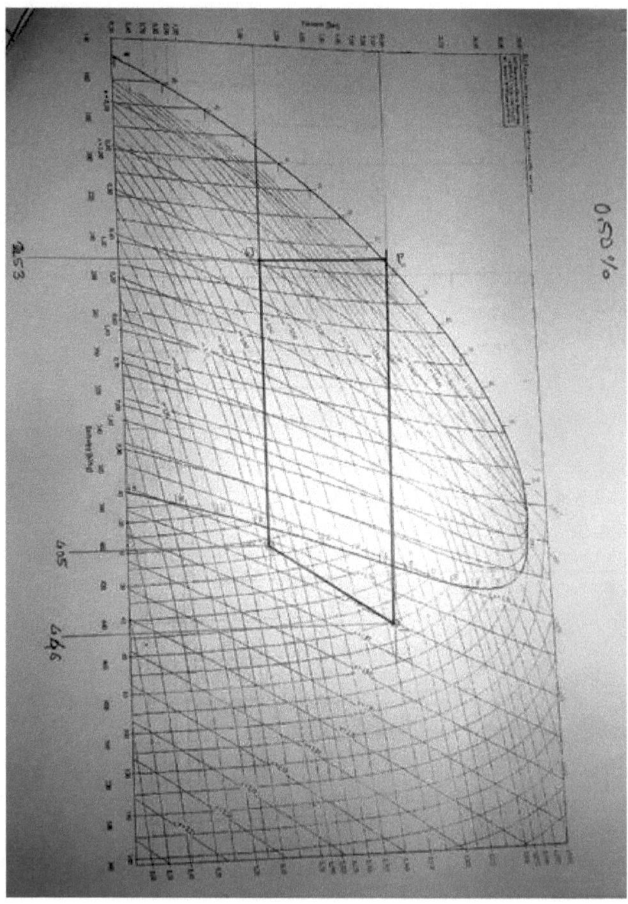

P-H Gráfico 7.5: Para 0,50% de nanopartículas

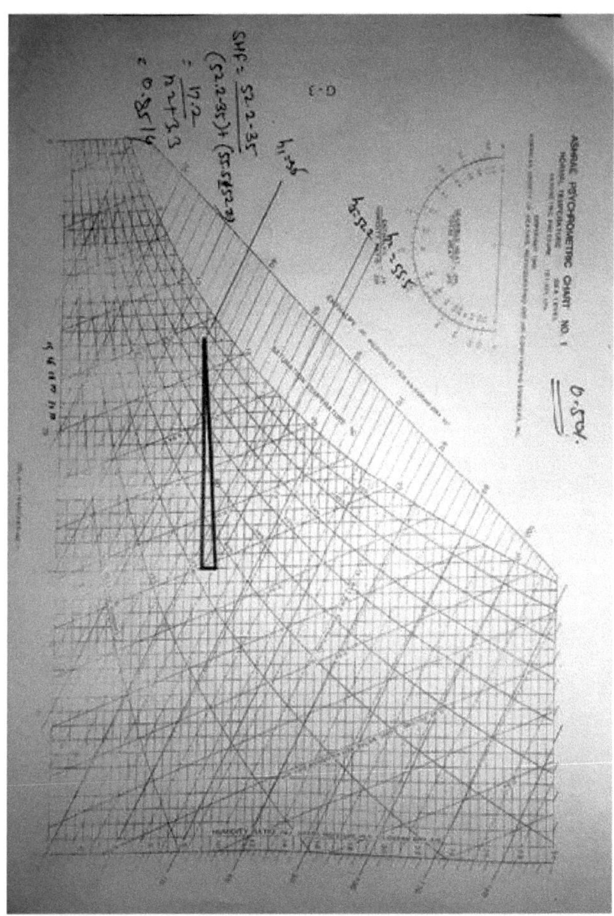

Gráfico psicométrico 7.6:. Para 0,50% de nanopartículas

Para nanopartículas com 0,75% (com adição de 3gm de nanopartículas):

N.º Sr.	Parâmetros	Observação	
1	Pressão do evaporador	35 Psi	2,413 bar
2	Pressão do condensador	125 psi	8,620 bar
3	Leitura do contador de energia do compressor durante 10 intermitências	14,69 segundos	
Quadro N		Io.7.10	

N.º Sr.	Descrição	Símbolo	Unidade	Leitura
1	Temperatura de entrada do condensador	Tci	°C	61

2	Temperatura de saída do condensador	Tco	°C	34
3	Temperatura de entrada do evaporador	Tei	°C	4
4	Temperatura de saída do evaporador	Teo	°C	3

Separadorle No.7.11

Temperaturas psicométricas para a condição **de arrefecimento sensível**

Sr.No.		DBT(°C)	WBT(°C)
1	Entrada	26	18
2	Saída	12.5	11.5

Tabela N.º 7.12

Cálculos:

Pressão do evaporador (Pe) = 35 psi

$$Pe= \frac{35}{14.5}= 2.4137 \text{ bar}$$

Pressão do condensador (Pc) = 125 psi

$$Pc= \frac{125}{14.5} = 8.6206 \text{ bar}$$

Caudalímetro Caudal $= 26 \text{ LPH}= \frac{29\times10^{-3}}{3600} = 7.225\times10\text{-}6 \text{ m3/sec}$

COP de Carnot:

Da mesa de refrigeração:

T_L= -4 e T_H= 44

$$(COP)camot= \frac{T_L}{T_H-T_L} = \frac{(-4+273)}{(44+273)-(-4+273)}$$

$$(COP)camot= 7.079$$

COP teórico:

Todos os valores de entalpia são retirados da tabela P-H:

$$(COP)th= \frac{h1-h4}{h2-h1}=\frac{402-250}{447-402}$$

$$(COP)th=3.38$$

COP real:

$$\text{Trabalho do compressor} = \frac{Tc\times EMC}{10\times3600} = \frac{14\times3200}{10\times3600}$$

Trabalho do compressor=1,2444KW

Calor absorvido no evaporador = m'XÁh

m'= 7,22×10-6× 1186,7= 8,57×10⁻³ Kg/sec

Calor absorvido no evaporador = 8,57 × 10 - 3 × (402 - 250)=1,3023 KJ/Seg

50

$$(COP)_{Actual} = \frac{\text{Heat absorbed in evaporator from water}}{\text{Compressor work}} = \frac{1.3023}{1.2444}$$

$$(COP)_{Actual} = 1.046$$

Fator de calor sensível para arrefecimento:

$$SHF = \frac{SH}{TL}$$

$$= \frac{(47-33)}{(51-33)}$$

SHF = 0,7778 (da tabela psicométrica)

Fator de calor latente para arrefecimento:

$$LHF = \frac{LH}{TL}$$

$$= \frac{(51-47)}{(51-33)}$$

LHF = 0,2222 (da tabela psicométrica)

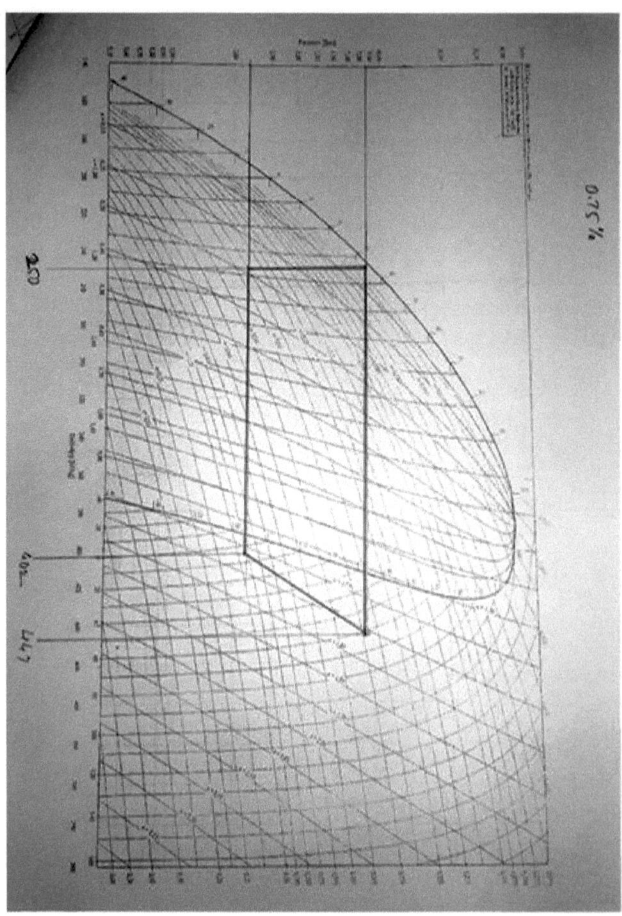

Gráfico P-H 7.7 Para 0,75% de nanopartículas

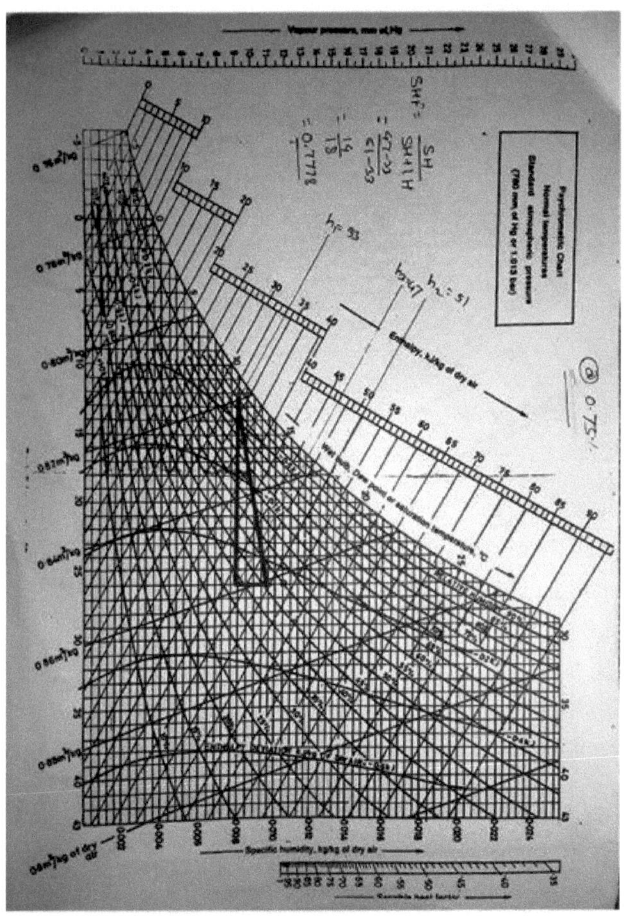

Gráfico psicométrico 7.8 Para 0,75% de nanopartículas

Para nanopartículas com 1,00% (com adição de 4gm de nanopartículas):

N.º Sr.	Parâmetros	Observação	
1	Pressão do evaporador	40 psi	2,76 bar
2	Pressão do condensador	150 psi	10,3448 bar
3	Leitura do contador de energia do compressor durante 10 intermitências	13 seg	

Quadro n.º 7.13

N.º Sr.	Descrição	Símbolo	Unidade	Leitura
1	Temperatura de entrada do condensador	Tci	°C	62
2	Temperatura de saída do condensador	Tco	°C	38
3	Temperatura de entrada do	Tei	°C	5

		evaporador			
4	Temperatura de saída do evaporador	Teo	°C	8	

Quadro n.º 7.14

Temperaturas psicométricas para a condição **de arrefecimento sensível**

Sr.No.		DBT(°C)	WBT(°C)
1	Entrada	32.5	21
2	Saída	16	14

Quadro n.º 7.15

Cálculos:

Pressão do evaporador (Pe) = 40 psi

$$Pe = \frac{40}{14.5} = 2.76 \text{ bar}$$

Pressão do condensador (Pc) = 150 psi

$$Pc = \frac{150}{14.5} = 10.3448 \text{ bar}$$

Caudalímetro Caudal
$$= 28 \text{ LPH} = \frac{28 \times 10^{-3}}{3600} = 7.78 \times 10\text{-}6 \text{ m3/sec}$$

COP de Carnot:

Da mesa de refrigeração:

$$(COP)carnot = \frac{TL}{TH-TL} = \frac{(0+273)}{(45+273)-(0+273)}$$

$$(COP)carnot = 6.82$$

(COP)carnot= 6,82

COP teórico:

Todos os valores de entalpia são retirados da tabela P-H:

$$(COP)th = \frac{h1-h4}{h2-h1} = \frac{400-255}{437-400}$$

$$(COP)th = 4.00$$

COP real:

₁ Tc×EMC

Trabalho do compressor

$$\text{Compressor work} = \frac{Tc \times EMC}{10 \times 3600}$$

$$= \frac{13 \times 3200}{10 \times 3600}$$

Trabalho do compressor=1,156 KW

Calor absorvido no evaporador = m'XÁh

m'= 7,78×10-6× 1186,7= 9,23×10⁻³ Kg/sec

Calor absorvido no evaporador= 9,23×10⁻³ × (400 - 255)=1,3387 KJ/Seg

$$(COP)_{Actual} = \frac{\text{Heat absorbed in evaporator from water}}{\text{Compressor work}} = \frac{1.3387}{1.156}$$

$$(COP)_{Actual} = 1.157$$

Fator de calor sensível para arrefecimento:

$$SHF = \frac{SH}{SH+LH}$$

$$= \frac{(51-39)}{(51-39)+(61-51)}$$

SHF =0,5454 (a partir da tabela psicométrica)

Fator de calor latente para arrefecimento:

$$LHF = \frac{LH}{SH+LH}$$

$$= \frac{(61-51)}{(51-39)+(61-51)}$$

LHF =0,4545 (da tabela psicométrica)

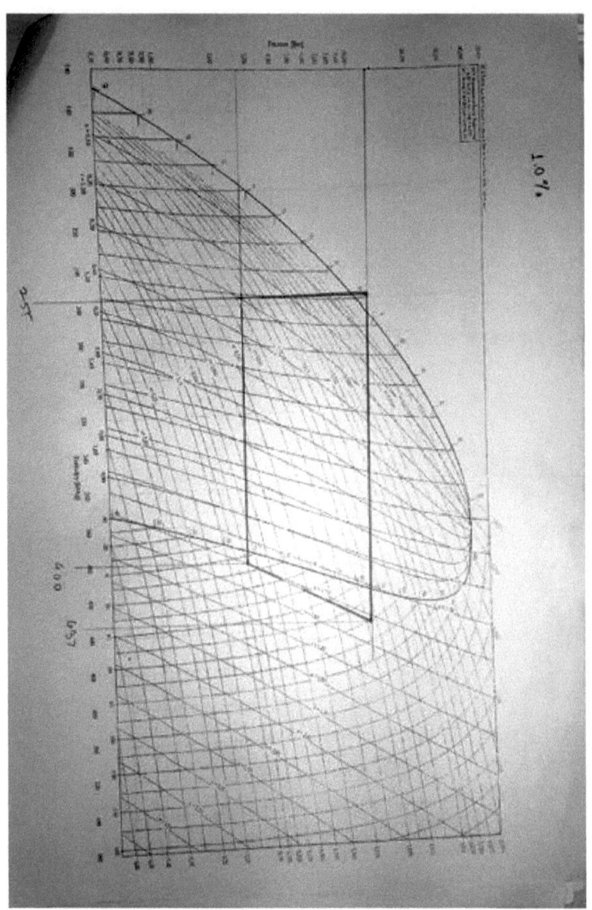

P-H Gráfico 7.9: Para 1,00% de nanopartículas

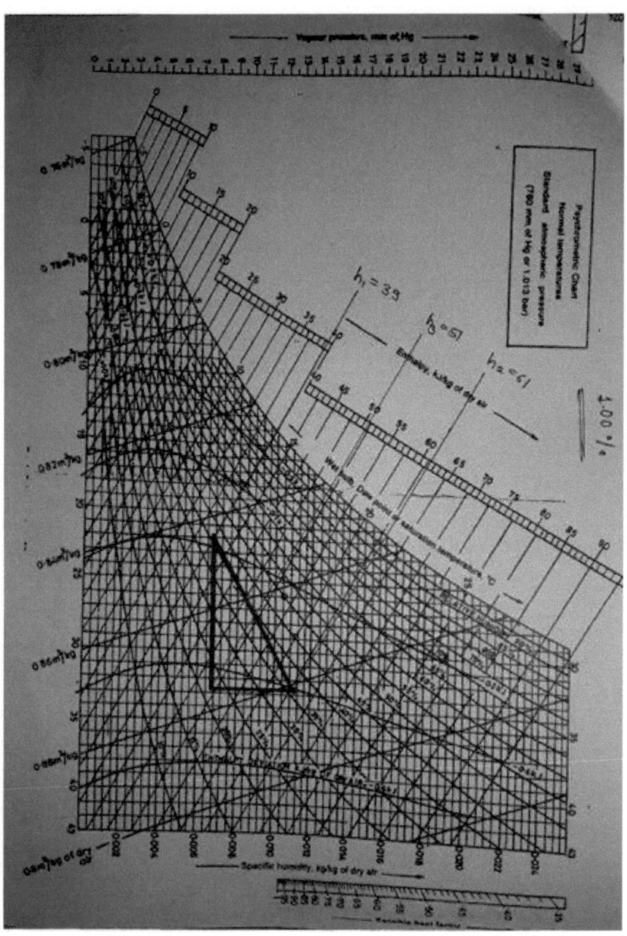

Gráfico psicométrico 7.10 para 1,00%nanopartículas

CAPÍTULO 8

Estudo comparativo de Al2O3 com nanopartículas de CuO com fração mássica de 1%

em sistemas de ar condicionado com condutas

Leituras de CuO para uma fração mássica de 1% de nanopartículas

N.º Sr.	Parâmetros	Observação	
1	Pressão do evaporador	43 psi	2,96 bar
2	Pressão do condensador	170 psi	11,72 bar
3	Leitura do contador de energia do compressor durante 10 intermitências	11,56 seg	

N.º Sr.	Descrição	Símbolo	Unidade	Leitura
1	Temperatura de entrada do condensador	Tci	°C	62
2	Temperatura de saída do condensador	Tco	°C	40
3	Temperatura de entrada do evaporador	Tei	°C	5
4	Temperatura de saída do evaporador	Teo	°C	8

Temperaturas psicométricas para a condição de arrefecimento sensível

Sr.No.		DBT(°C)	WBT(°C)
1	Entrada	35.5	26
2	Saída	18	12

CÁLCULOS:

Pressão do evaporador (Pe) = 43 psi

$$Pe = \frac{43}{14.5} = 2.965 \text{ bar}$$

Pressão do condensador (Pc) = 170 psi

$$Pc = \frac{170}{14.5} = 11.724 \text{ bar}$$

Caudal do rotâmetro $= 29 \text{ LPH} = \frac{31 \times 10^{-3}}{3600} = 8.6111 \times 10\text{-}6 \text{ m3/sec}$

$$(COP)th = \frac{h1 - h4}{h2 - h1}$$

$$= \frac{410 - 258}{447 - 410} \text{(from P-H Chart)}$$

$$= 4.27$$

$$\text{Compressor work} = \frac{Tc \times EMC}{10 \times 3600}$$

$$= \frac{11.56 \times 3200}{10 \times 3600}$$

$$= 1.027 KW$$

Trabalho do compressor
Calor absorvido no evaporador = MeCpAh
$$= 8.6111 \times 10\text{-}6 \times 1186.7 \times (410 - 258)$$
$$= 1,553 \text{ KJ/Segundo}$$

Onde,
Me: massa do caudal no evaporador (m3/sec)
Cp: Calor específico do R134a
Ah: Efeito de refrigeração

$$(COP)Actual = \frac{\text{Heat absorbed in evaporator from water}}{\text{Compressor work}}$$

$$= \frac{1.553}{1.027}$$

$$= 1.512$$

$$(COP)carnot = \frac{TL}{TH - TL}$$

$$= \frac{(0 + 273)}{(45 + 273) - (0 + 273)}$$

$$= 6.06 \text{ (From refrigeration Table)}$$

$$SHF = \frac{SH}{SH + LH} = \frac{(58.5 - 40.7)}{(58.5 - 40.7) + (91 - 58.5)}$$

$$= 0.3538 \text{(From Psychrometry chart)}$$

(Da tabela de refrigeração)
(Do gráfico de Psicrometria)

Representação gráfica da compressão
1% de fração mássica de Al2O3 e CuO

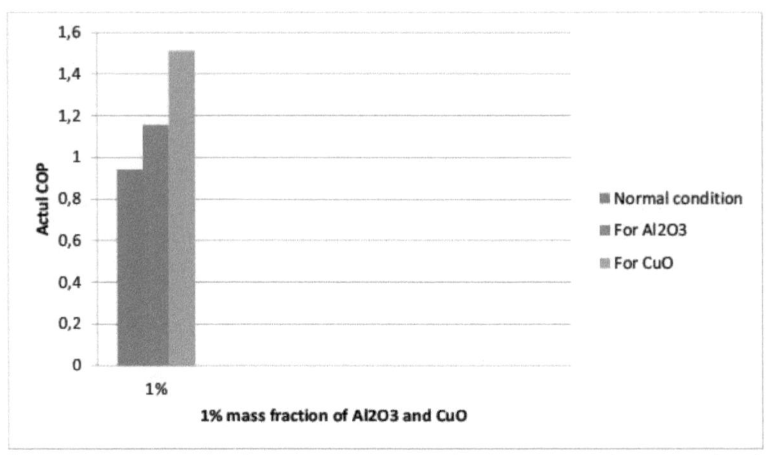

Gráfico 8.1 Comparação de Al2O3 com nanopartículas de CuO com fração mássica de 1%
para
COP real

A partir do gráfico acima, concluímos que, com a adição de 1% de nanopartículas de Al2O3, o COP real do sistema de ar condicionado com condutas é aumentado em 22,99%, enquanto que com a adição de 1% de nanopartículas de CuO o COP real é aumentado em 60,73%. Por conseguinte, o óxido de CuO é mais eficiente do que o Al2O3.

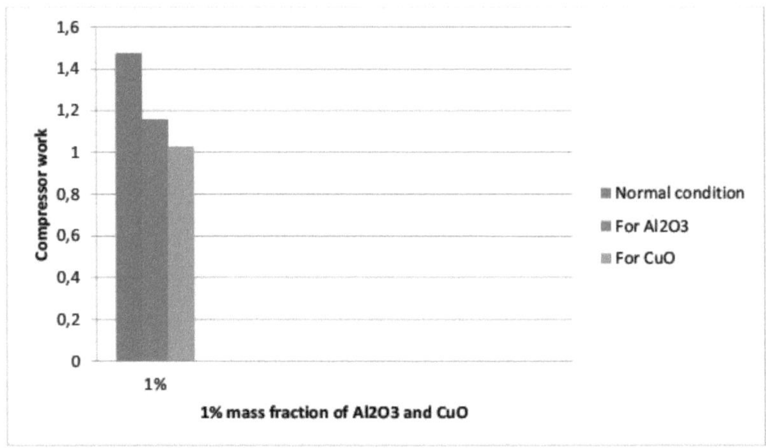

Gráfico 8.2 Comparação de Al2O3 com nanopartículas de CuO com fração mássica de 1%
para o
trabalho do compressor

A partir do gráfico acima, concluímos que, com a adição de 1% de nanopartículas de Al2O3, o COP real do sistema de ar condicionado com condutas diminui 21,65%, enquanto que com a adição de 1% de nanopartículas de CuO o COP real diminui 30,4%. Por conseguinte, o óxido de CuO é mais eficiente do que o Al2O3

CAPÍTULO 9

RESULTADOS E CONCLUSÕES

9.1 Gráfico do COP real

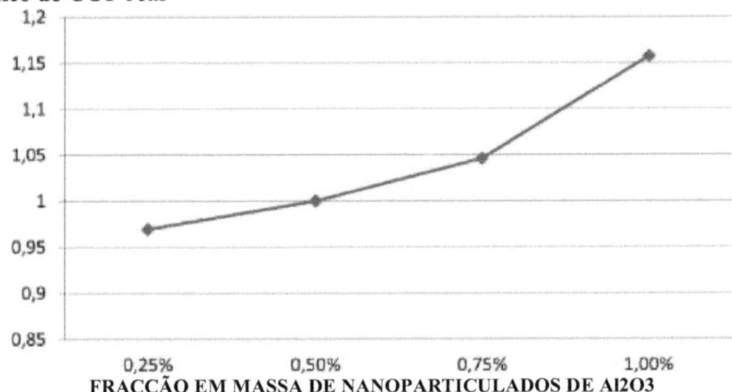

Gráfico 9.1.COP real versus fração mássica

De acordo com o gráfico acima, concluímos que, à medida que a fração mássica de Al2O3 aumenta, a cópia real do sistema de refrigeração aumenta da seguinte forma

Em condições normais, o COP é de 0,9815

Para uma fração mássica de **0,25%**, o COP é de 0,9694 e é aumentado em 3,5%

Para uma fração mássica de 0,50%, o COP é 1 e aumenta 6,3%

Para uma fração mássica de 0,75%, o COP é de 1,046 e aumenta 6,57%

Para uma fração mássica de 1%, o COP é de 1,157 e aumenta 22,99%

9.2 Gráfico do COP teórico

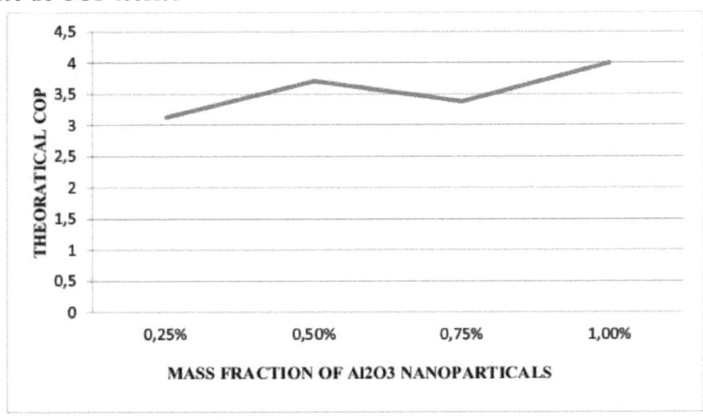

FRACÇÃO EM MASSA DE NANOPARTICULOS DE Al2O3

Gráfico 9.2: COP teórico versus fração mássica

De acordo com o gráfico acima, concluímos que, à medida que a fração mássica de Al2O3 aumenta, a cópia teórica do sistema de refrigeração aumenta da seguinte forma

Em condições normais, o COP é de 3,41

Para uma fração mássica de 0,25%, o COP é de 3,127
Para uma fração mássica de 0,50%, o COP é de 3,707
Para uma fração mássica de 0,75%, o COP é de 3,38
Para uma fração mássica de 1%, o COP é de 4
9.3 Gráfico do COP de Carnot

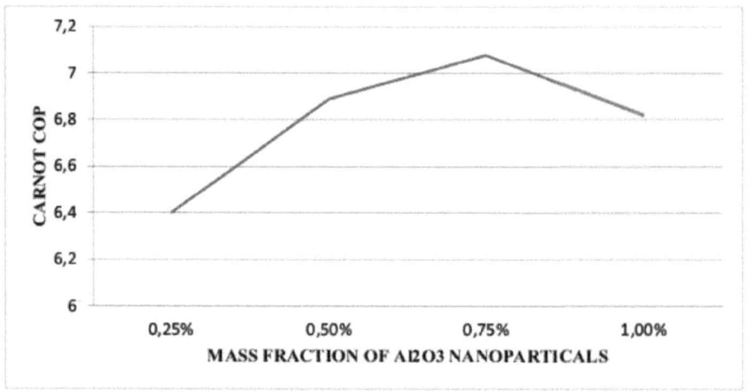

Gráfico 9.3: Cobre de Carnot V/S Fração de massa

De acordo com a fração mássica de Al2O3, obtivemos as seguintes observações relativamente
à cópia de Carnot do sistema de refrigeração
Em condições normais, o COP é de 6,56
Para uma fração mássica de 0,25%, o COP é de 6,40
Para uma fração mássica de 0,50%, o COP é de 6,89
Para uma fração mássica de 0,75%, o COP é de 7,079
Para uma fração mássica de 1%, o COP é de 6,82
9.4 Gráfico do trabalho do compressor

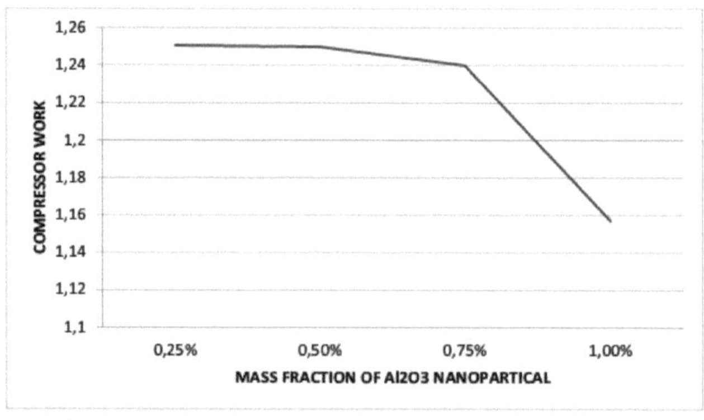

Gráfico 9.4: Trabalho do compressor versus fração de massa

De acordo com o gráfico acima, concluímos que, à medida que a fração mássica de Al2O3
aumenta, o trabalho do compressor do sistema de refrigeração diminui da seguinte forma
Em condições normais, o trabalho do compressor é de 1,3778
Para uma fração mássica de 0,25%, o trabalho do compressor é de 1,25 e diminui 15,28%

Para uma fração mássica de 0,50%, o trabalho do compressor é de 1,25 e diminui 15,28%
Para 0,75% de fração mássica, o trabalho do compressor é de 1,2 e diminui 18,67%
Para 1% de fração mássica, o trabalho do compressor é de 1,156 e diminui 21,65%

9.5 Gráfico do aumento percentual do COP efetivo

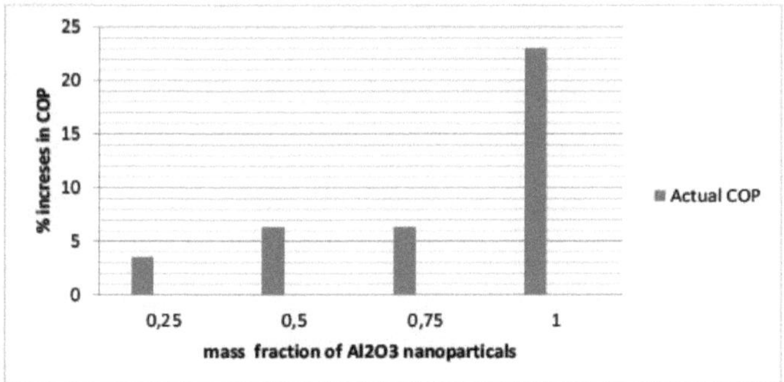

Gráfico 9.5 Aumento percentual do COP real em função da fração mássica

9.6 Gráfico da diminuição percentual do trabalho do compressor

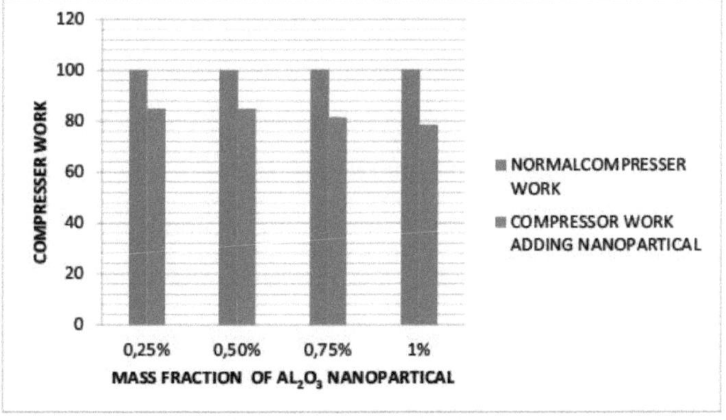

Gráfico 9.6 Diminuição percentual do trabalho do compressor em função da fração mássica

A partir da experimentação deste projeto, concluímos que

À medida que a fração mássica de Al2O3 aumenta, a cópia real do sistema de refrigeração aumenta.

Para uma fração mássica de 0,25%, o aumento é de 3,5%

Para uma fração mássica de 0,50%, o aumento é de 6,3%

Para uma fração mássica de 0,75%, o aumento é de 6,57%

Para uma fração mássica de 1%, o aumento é de 22,99%

À medida que a fração mássica de Al2O3 aumenta, o trabalho realizado pelo compressor diminui

Para uma fração mássica de 0,25%, o trabalho do compressor é reduzido em 15,28%

Para uma fração mássica de 0,50%, o trabalho do compressor é reduzido em 15,28%

Para uma fração mássica de 0,75%, o trabalho do compressor é reduzido em 18,67%

Para uma fração de massa de 1%, o trabalho do compressor é reduzido em 21,65%

CAPÍTULO 10

DESAFIOS E ÂMBITO FUTURO

10.1 Custo elevado dos nanofluidos

O custo de produção mais elevado dos nanofluidos é uma das razões que podem dificultar a aplicação dos nanofluidos na indústria. Os nanofluidos podem ser produzidos por métodos de uma ou duas etapas. No entanto, ambos os métodos requerem equipamentos avançados e sofisticados. O elevado custo dos nanofluidos é um dos inconvenientes das aplicações de nanofluidos.

10.2 Dificuldades no processo de produção

Os esforços anteriores para fabricar nanofluidos têm frequentemente utilizado uma única etapa que produz e dispersa simultaneamente as nanopartículas em fluidos de base, ou uma abordagem em duas etapas que envolve a geração de nanopartículas e a sua subsequente dispersão num fluido de base. Utilizando qualquer uma destas duas abordagens, as nanopartículas são inerentemente produzidas a partir de processos que envolvem reacções de redução ou troca iónica. Além disso, os fluidos de base contêm outros iões e produtos de reação que são difíceis ou impossíveis de separar dos fluidos.

Outra dificuldade encontrada no fabrico de nanofluidos é a tendência das nanopartículas para se aglomerarem em partículas maiores, o que limita os benefícios das nanopartículas de elevada área superficial. Para contrariar esta tendência, são frequentemente adicionados aditivos de dispersão de partículas ao fluido de base com as nanopartículas. Infelizmente, esta prática pode alterar as propriedades de superfície das partículas e os nanofluidos assim preparados podem conter níveis inaceitáveis de impurezas. Até à data, a maioria dos estudos tem-se limitado a amostras de tamanho inferior a algumas centenas de mililitros de nanofluidos. Este facto é problemático, uma vez que são necessárias amostras maiores para testar muitas propriedades dos nanofluidos e, em particular, para avaliar o seu potencial de utilização em novas aplicações.

10.3 Âmbito futuro:

• O trabalho pode ser implementado na aplicação industrial e comercial onde o arrefecimento contínuo é necessário

• A geometria das nanopartículas tem influência na sua eficácia. Outras nanoestruturas, como os nanobastões, os nanofios, as nanoplacas e as nanopartículas de forma complexa, são menos investigadas.

• Ainda há um número maior de nanopartículas a serem testadas para melhorar o equipamento de teste de ar condicionado e outras aplicações.

• Medir e prever o comportamento do fluxo e da transferência de calor na secção do evaporador em função do tipo, tamanho, geometria e concentrações das nanopartículas.

• Desenvolver nanofluidos que sejam amigos do ambiente e resistentes ao desgaste.

REFERÊNCIAS

1) "Linha do tempo da nanotecnologia Nano". Recuperado em 12 de dezembro de 2016.

2) Reiss, Gunter; Hutten, Andreas (2010). "Nanopartículas magnéticas". Em Sattler, Klaus D. Handbook of Nanophysics: Nanopartículas e pontos quânticos. CRC Press. pp. 2-1. ISBN 9781420075458.

3) Khan, Firdos Alam (2012). Fundamentos da Biotecnologia. CRC Press. p. 328. ISBN 9781439820094.

4) Jwo, C.S.; Teng; T.P. &Guo; Y.T. Investigação e desenvolvimento de um dispositivo de medição da condutividade térmica de nanofluidos. J. Phys. Conf. Series, 2005, 13, 55-58.

5) Jwo, C. &Teng, T. Estudo experimental das propriedades térmicas de salmouras contendo nanopartículas. Rev. Adv. Sci. 2005, 10, 79-83.

6) Murshed, S.M.S.; Leong, K.C. & Yang, C. Determinação da difusividade térmica efectiva de nanofluidos pela técnica do fio quente duplo. J Phys. D. Appl: Appl. Phys., 2006, 39, 5316-322.

7) Singh, A.K. & Reddy, N.S. Instrumentação de campo para medição da condutividade térmica. Ind. J. Pure & Appl. Phys., 2003, 41, 433-37.

8) Singh, A.K. Um método transiente baseado em PC para medição da condutividade térmica. Def. Sci. J., 50(4), 2000, 244-54.

9) Zhang, X. Condutividade térmica efectiva e difusividade térmica de nanofluidos contendo nanopartículas esféricas e cilíndricas. J. Appl. Phys., 2006, 100, 044325-1 a5.

10) Zhang, X.; Gu, H. &Fujii, M. Estudo experimental sobre a condutividade térmica efectiva e a difusividade térmica dos nanofluidos. Int J Thermophys, 2006, 27(2), 569-580.

11) Murshed, S.M.S.; Leong, K.C. & Yang, C. Determinação da difusividade térmica efectiva de nanofluidos pela técnica do fio quente duplo. J. Phys. D: Appl. Phys., 2006, 39, 5316-322.

12) Shi, L. &Majumdar, A. Thermal transport mechanisms at nano scale point contacts. ASME J. Heat Tranf., 2002, 124, 329-37.

13) Singh p,Para estudar a aplicação de nanorefrigerante no sistema de refrigeração: uma revisão, 2015 Int. J. de pesquisa em enng e tecnologia 2319-2322.

14) Wei Yu, HuaqingXie, " Uma revisão sobre nanofluidos: Preparação, Mecanismos de Estabilidade e Aplicações

15) TaylorRA,PhelanPE,OtanicarTP,WalkerCA,NguyenM,TrimbleS,PrasherR.Ap plicabilidade de nanofluidos em colectores solares de alto fluxo .JRenewSustain Energy 2011;3(2):023104.

16) BadranO, Abu Khader MM.Evaluating thermal performance of a single slope solarstill.Heat Mass Transf2007;43(10):985-95.

17) S.P.Jang,S.U.S. Choi, Appl. Therm. Eng. 26, 2457 (2006).

18) C.T. Nguyen, G. Roy, N. Galanis, S. Suiro, Actas da 4ª WSEAS Int. Conf. sobre transferência de calor, engenharia térmica e ambiente, Elounda, Grécia, 21-23 de agosto, 103-108 (2006).

19) I.C. Nelson, D. Banerjee, R. Ponnappan, J. Thermophys. Heat Transf. 23, 752 (2009).

20) K.Q. Ma, J. Liu, Phys. Lett. A 361, 252 (2007).[60]Xuan, Y., & Li, Q. (2000). Heat transfer enhancement of nanouids. International Journal of Heat and Fluid Flow , 58

21) KumarTiwariArun,PradyumnaGhosh.SarkarJahar.Investigationofthermal Conductivity and viscosity of Nanofluids. JEnvironResDev2012;2:768-77.

22) SureshS,VenkitarajKP,SelvakumarP,ChandrasekarM.SynthesisofAl2O3- Cu/water hybrid nanofluids using two step method and its thermophysical properties. Colloids Surf A:Physicochem EngAsp2011;388:41-8.

23) Einstein A. Investigations on the theory of the Brownian motions (Investigações sobre a teoria dos movimentos brownianos). New York: Dover Publications; 1956.

24) Li JM,LiZL,WangBX.Medições experimentais da viscosidade de suspensões de nanopartículas de óxido de cobre.TsinghuaSciTechnol2002;7(2):198-201.

25) H. Akoh, Y.Tsukasaki, S.Yatsuya, e A.Tasaki,-Propriedades magnéticas de partículas ferromagnéticas ultrafinaspreparadas por evaporação sob vácuo em substrato de óleo corrente.l Journal of Crystal Growth, 45, 495-500, 1978.

26) J.A. Eastman, U.S. Choi, S.Li, L.J.Thompson, S.Lee, Enhanced thermal conductivity through the development of nanofluidsl, Materials Research Society Symposium-Proceedings, Materials research Society, Pittsburgh, PA, USA, Boston, MA, USA, vol.457:pp.3-11, 1997.

27) H.T.Zhu, Y.S.Yin, A, A novel one-step chemical method preparation of copper nanofluidsl, Journal of Colloid and Interface Science, vol.227, no.1, pp.100-130, 2004.

28) S. Lee, S. U.S. Choi, S. Li, e J. A. Eastman, Measuring thermal conductivity of fluids containing oxide nanoparticles,l Journal of Heat Transfer, vol. 121, no. 2, pp. 280-289, 1999.

29) X. Wang, X. Xu, e S. U. S. Choi, Thermal Conductivity of NanoparticleFluid Mixture,l Journal of Thermo physics and Heat Transfer 13: 474 480, 1999.

30) Y. Xuan e Q. Li, Heat transfer enhancement of nanofluids,l International Journal of Heat and Fluid Flow, vol. 21, no. 1, pp. 58- 64, 2000.

31) K.Kwak, C.Kim, Kor. Austr. Rheol. J., 17, 35, 2005.

32) Y. Hwang, J. K. Lee, C. H. Lee et al., Stability and thermal conductivity characteristics of nanofluids, Thermochimical Ata, vol. 455, no. 1-2, pp. 7074, 2007.

33) X. Li, D. Zhu e X. Wang, Avaliação do comportamento de dispersão das nanosuspensões aquosas de cobre,

34) C-H. Lo, T-T. Tsung, L-C.Chen, C.-H. Su e H. M. Lin, fabrico de nanofluido de óxido de cobre utilizando o sistema de síntese de nanopartículas por arco submerso (SANSS)l.Journal of Nanoparticle Research 7: 313-320, 2005.

35) X.F. Li, D.S. Zhu, X.J. Wang, N. Wang, J.W. Gao, H. Li, Aumento da condutividade térmica dependente do pH e do surfactante químico para nanofluidos Cu-H2O, Thermochim.Ata 469 (1-2),pp. 98-103,2008.

36) M.N. Pantzali, A.A. Mouza, S.V. Paras, Investigating the efficiency of nanofluids as coolants in plate heat exchangers (PHE), Chem. Eng. Sci. 64 (14), pp.3290-3300, 2009. Journal of Colloid and Interface Science, vol. 310, no. 2, pp. 456-463, 2007.

37) X. Yang e Z. H. Liu, Um tipo de nanofluido constituído por nanopartículas funcionalizadas à superfície, Nanoscale Research Letters, vol. 5, no. 8, pp. 1324-1328, 2010.

38) L. Chen and H. Xie, Surfactant-free nanofluids containing double and singlewalled carbon nanotubes functionalized by a wet-mechanochemical reaction, Thermochimical Ata, vol. 497, no. 1-2, pp. 67-71, 2010.

39) I. Madni, C.Y. Hwang, S.-D.Park, Y.-H.Choa, H.T. Kim, Sistema misto de tensioactivos para uma suspensão estável de nanotubos de carbono de paredes múltiplas, Colloids Surface A: Physicochem. Eng. Aspects358 (1-3), pp.101-107, 2010.

40) H. Xie, H. Lee, W. Youn, M. Choi, Nanofluidos contendo nanotubos de carbono de paredes múltiplas e suas condutividades térmicas melhoradas,! J. Appl. Phys. 94 (8), pp.4967-4971, 2003.

41) Husainy, A. S., Gurav, A. R., Pawar, A. N., Kate, S. S., Daphale, D. D., & Kirtane, A. A. Preparação, Propriedades, Estabilidade e Aplicações de Diferentes Nanofluidos: A Review.

42) Husainy, A. S. N., Chougule, P. M., Badade, K. R., Hasure, S. A., Patil, A. S., & Tukshetti, S. A. A Glance on Preparation, Stability, Properties and Applications of Nanofluids.

43) Zhelezny, V.P., Lukianov, N.N., Khliyeva, O.Y., Nikulina, A.S., Melnyk, A.V., 2017. Uma investigação complexa dos nanofluidos R600a-óleo mineral- AL2O3 e R600a-óleo mineral-TiO2. Propriedades termofísicas. Int. J. Refrig. 74, 486-502. doi:10.1016/j.ijrefrig.2016.11.008

44) Kumar R., Singh, J., 2016. Efeito das nanopartículas de ZnO no sistema de refrigeração por compressão de vapor baseado em R290/R600a (50/50) adicionado através de óleo lubrificante nas caraterísticas de sucção e descarga do compressor. Heat Mass Transf. doi:10.1007/s00231-016-1921-3.

45) Nilesh S. Desai e P.R.PatilAplicação de nanopartículas de SiO2 como aditivo lubrificante em VCRS: An Experimental Investigation ISSN: 2249 - 6289 Vol. 4 No. 1, 2015, pp. 1-6.

46) Mahbubul, I.M., Saidur, R. e Amalina, M.A. (2015), Investigation of viscosity of R123-TIO2 Nanorefrigernt," International Journal of Mechanical and Materials Engineering", vol. 7, pp. 146-151.

47) A.K.Singh, Instituto de Defesa de Tecnologia Avançada, Pune "Thermal Conductivity of Nanofluids", Defence Science Journal, Vol.58, No.5 Sep.2008,pp. 600-607.

48) TiwariArun,PradyumnaGhosh.SarkarJahar.Investigationofthermal Conductivity and viscosity of Nanofluids. JEnvironResDev2012;2:768-77.

49) Abbas, M., Walvekar, R.G., Hajibeigy, M.T., Farhood, S., 2013. Unidade de ar condicionado eficiente usando Nano-Refrigerante 87-88.

Publicações

1. Husainy, A. S., Gurav, A. R., Pawar, A. N., Kate, S. S., Daphale, D. D., & Kirtane, A. A. Preparação, Propriedades, Estabilidade e Aplicações de Diferentes Nanofluidos: A Review.

More
Books!

info@omniscriptum.com
www.omniscriptum.com
OMNIScriptum

Printed by Books on Demand GmbH, Norderstedt / Germany